科技部"固废资源化"专项课题研究成果（

# 生产者责任延伸制度

## ——理论与实践

张德元 ◎ 著

中国财经出版传媒集团

经济科学出版社

Economic Science Press

图书在版编目（CIP）数据

生产者责任延伸制度：理论与实践/张德元著.
—北京：经济科学出版社，2019.10
ISBN 978 – 7 – 5218 – 1058 – 5

Ⅰ.①生…　Ⅱ.①张…　Ⅲ.①企业环境管理 –
责任制 – 研究 – 中国　Ⅳ.①X322.2

中国版本图书馆 CIP 数据核字（2019）第 234014 号

责任编辑：孙丽丽　撒晓宇
责任校对：靳玉环
责任印制：李　鹏

**生产者责任延伸制度**
——理论与实践
张德元　著

经济科学出版社出版、发行　新华书店经销
社址：北京市海淀区阜成路甲 28 号　邮编：100142
总编部电话：010 – 88191217　发行部电话：010 – 88191522
网址：www. esp. com. cn
电子邮件：esp@ esp. com. cn
天猫网店：经济科学出版社旗舰店
网址：http：// jjkxcbs. tmall. com
北京季蜂印刷有限公司印装
710×1000　16 开　19 印张　250000 字
2019 年 10 月第 1 版　2019 年 10 月第 1 次印刷
ISBN 978 – 7 – 5218 – 1058 – 5　定价：76.00 元
（图书出现印装问题，本社负责调换。电话：010 – 88191510）
（版权所有　侵权必究　打击盗版　举报热线：010 – 88191661
QQ：2242791300　营销中心电话：010 – 88191537
电子邮箱：dbts@ esp. com. cn）

# 推　荐　序

　　我与张德元博士相识已久，在他工作于国家发展和改革委员会（以下简称发改委）资源节约和环境保护司期间，就有很多政策研究等方面的合作，后来他去了发改委宏观经济研究院体改所从事学术研究，这种合作关系一直持续，包括最近在国家重点研发计划项目"产品全生命周期识别溯源体系及绩效评价技术"中的合作。

　　自生产者责任延伸制度引入中国，相关的争论就从未停止，这种争论不仅体现在它是否是一个对中国有效的政策工具，也体现在如何定义和理解这种政策工具，以及如何在中国使用这种政策工具。这项制度的研究和应用的难点在于它不仅是一项环境管理和循环经济制度，对经济和社会也有着巨大的影响，与政府、企业经营活动以及公众生活息息相关。此外，这项制度不同于传统的"胡萝卜"和"大棒"，它的实施对于政府的施政能力和企业的社会责任认知也有严格的要求。如同许多其他从西方引进的制度一样，某种程度上，在生产者责任延伸制度领域，实践走在了理论的前面。从我国的《循环经济促进法》到一系列法规、政策性文件的出台，生产者责任延伸制度在许多领域得到了应用。但正因为理论研究与实践的脱节，实践过程中出现了一系列的问题，其中一些问题甚至十分棘手。可以认为，这项制度在中国的发展正处在一个重要的十字路口。

　　考虑到上述问题，张德元同志这本著作的出版正当其时。通过对生产者责任延伸制度认真仔细的梳理和深入的分析，这本书为中国的政策制定者和研究者提供了一个全面了解生产者责任延伸制度以及如何继续在中国推行这项制度的重要参考。

在我看来，这本书具有几个非常显著的优点：一是基础资料翔实，作者广泛收集了相关的国内外研究成果以及实践成果，并进行了充分梳理，理清了政策发展脉络，识别了取得的成绩和存在的问题；二是具有一定理论创新性，作者从经济学的角度对该制度的治理对象、理论依据、定价模型和实施效果进行了系统的经济学分析，为理解该制度运行提供了新的视角；三是分析深入，作者不是简单定性地提出自己的观点，而是在大量文献综述的基础上，通过定量模拟和定性分析相结合的方法阐述自己的观点，使得研究成果更切合实际；四是理论与实践结合，生产者责任延伸制度不是一个纯理论的问题，也不是一个纯实践的问题，而是一个理论与实践结合十分紧密的复杂问题，张德元博士既在发改委工作过，也在学术研究机构工作过，充当过两种角色，这使得他能更全面地考虑这个问题；五是指导作用明显，研究生产者责任延伸制度，不仅仅是要了解这项制度，更重要的是如何让它服中国当地的"水土"，为中国的环境保护、资源循环利用以及社会经济发展发挥应有的作用。这本书提出的未来生产者责任延伸制度实施路径，具有重要的理论和实践意义。

因此，在认真学习了书稿，有了很大收获的同时，我非常乐意把这本好书介绍给相关的政策制定者和学术研究者，希望它对大家有所裨益。

王学军

2019 年 9 月 12 日

# 自　　序

　　2009 年，由国家发展和改革委员会（以下简称发改委）研究起草的《废弃电器电子产品回收处理管理条例》经国务院正式颁布。在此基础上，一系列法规和管理办法陆续出台，中国废弃电器电子生产者责任延伸制度体系逐步完善。2012 年第四季度，中国的废弃电器电子处理基金制度正式实施，促进了行业的快速发展，引导废弃电器电子产品快速向有资质的拆解处理企业集聚，发挥了良好的推动作用。但是很快制度推行过程中的问题不断出现，先是拆解量出现弄虚作假，环保部门核查难度加大，行业社会化流动回收为主导的回收模式没有根本改变，一些高价值的品种，如空调、电脑流入资质拆解企业的比例较低，最后出现了严重的基金收不抵支现象，中国的废弃电器电子回收处理基金制度似乎走到了"命运的十字路口"。

　　作为一个政策研究者和制定者，亲身经历着一项制度从诞生、繁荣到衰落，最后走到制度存废的十字路口，这对我的触动还是很大的。为什么在发达国家和地区已经普遍推行的一项制度，在中国的推行却出现了这么多问题。因此，有必要对该制度进行一次全面的研究。恰好在 2016 年，我从发改委资源节约和环境保护司调入发改委经济体制与管理研究所工作，并连续承担了"生产者责任延伸制度框架体系研究"和"生产者责任延伸制度总体方案"两个课题的研究，这为本书的研究和编写提供了良好的契机。

　　近年来，学术界对生产者责任延伸制度的认识也出现了两极分化的趋势：一些学者认为生产者责任延伸制度是废弃物管理的一种有效制度安排，从中央政府到地方各级政府、甚至一些城市都出台了自己的生产者责任延伸制度推行方案，而另一些学者对生产者责任延伸制度的有效性存在质疑，认为这一制度不适合中国当前废弃物治理环境。因此，本书希望通过对生产者责任延伸制度的全面梳理和分析，为中国的政策制定者和研究者提供一个全面了解生产者责任延伸制度的参考。

为了让读者能够全面地认识生产者责任延伸制度，本书在开篇绪论部分对生产者责任延伸制度国内外研究进展和典型实践进行了综述，旨在让读者了解生产者责任延伸制度提出的时代背景、政策目的和国内外研究进展情况。在第二章和第三章，本书并没有急于进入生产者责任延伸制度的分析，而是用这两章对生产者责任延伸制度的治理对象——废弃物，进行全面的梳理分析，旨在让读者认识到废弃物的种类非常多，生产者责任延伸制度的治理对象只是废弃物中的一小部分，因此不能将该制度万能化。另外，废弃物具有资源性、环境性双重属性，某些废弃物是具有经济价值的，并提供了废弃物经济价值判定的两种常用方法，指出废弃物经济价值存在时间和空间的差异性和时空相对性特征，这就为判定生产者责任延伸制度推行的市场环境和具体条件提供了理论基础。本书第三章是对废弃物治理理论和典型的外部性治理政策的一个分析，旨在从理论角度认识生产者责任延伸制度设计遵循的经济学理论依据，为政策制定者提供理论指导。通过第二、第三章的分析，为第五章～第七章核心制度分析时，废弃物有经济价值和没有经济价值条件下制度推行的差异分析奠定了基础，这也是国内外现有研究和著述所普遍忽略的。

本书第四章～第七章，是在前面分析的基础上，特别是基于废弃物的经济价值判定，从废弃物有经济价值和无经济价值两个角度，对基金制度、目标管理制度、押金返还制度的制度内涵、推行条件、费率模型、推行方式、典型经验分析等方面，进行了全面的分析，旨在为政策研究制定者提供一个粗略的参考框架。

本书第八章，按照前面几章的研究逻辑，对中国当前废弃物的属性、废弃物回收利用市场的特点、二元利用体系的形成进行了分析，指出中国当前废弃物尤其是废弃电器电子产品"有价"的市场条件下，推行废弃电器电子处理基金会导致二元利用体系的形成。接着通过构建博弈模型，对二元利用体系下基金制度运行的效果进行了深入剖析，得出二元利用体系下正规拆解企业会受到非正规拆解企业的影响，再利用，尤其是再制造价值越高的产品越容易流向非正规拆解企业；回收企业会通过提高废弃电器电子产品销售价格的方式，固定地攫取一部分基金额，从而影响基金制度的推行效果。最后，在本章我们提出了中国构建生产者责任延伸制度的总体思路和具体政策建议。

OECD 出台的 *Extended Producer Responsibility：A Guidance Manual for Governments* 被认为是各国推行生产者责任延伸制度的指导手册，因此本书的最后增加了一个附录，对该手册的核心观点和内容进行了简要摘录，旨在为国内政策研究和制定者提供一个参考。

生产者责任延伸制度作为一项废弃物管理政策，其实施背后有复杂的经济学逻辑，在不同的市场条件下会出现不同的运行规律，需要综合运用经济学、社会学的理论加以科学分析，对政策背后的经济学原因深入理解，这也是政策科学制定和有效推行的基础。本书期望能为中国的政策制定者提供一个全面的参考，为中国生态文明制度建设贡献微薄力量。

# 目　录

# 第一章　绪　　论

当前，中国正逐步进入传统的生产源污染尚未根本解决，生活源污染问题却日益凸显的阶段，生活源污染，特别是废弃物的处置利用成为社会关注焦点和治理难点，迫切需要建立有利于废弃物回收利用的长效促进机制。目前，推行生产者责任延伸制度是国际上应对废弃物处置的通行而有效的做法。

本章主要从国内外研究现状和实践情况等方面对生产者责任延伸制度进行了综述，简要阐述了生产者责任延伸制度的定义、理论基础和制度内容，并对几个典型发达国家和地区的政策推行实践进行了综述，为全面了解生产者责任延伸制度的背景奠定基础。

## 第一节　研究背景及意义

党中央、国务院高度重视生态文明建设，习近平总书记在主持中共十八届中央政治局第四十一次集体学习时指出"推动形成绿色发展方式和生活方式是贯彻新发展理念的必然要求，必须把生态文明建设摆在全局工作的突出地位"。党的十九大报告明确提出"着力解决突出环境问题，构建政府为主导、企业为主体、社会组织和公众共同参与的环境治理体系①"。

中国每年回收利用各类主要再生资源 2.82 亿吨，其中废弃电器电子产品 1.64 亿台，废铅酸蓄电池 300 多万吨。② 但目前中国废弃物回收利用行业准入门槛低，只在报废汽车回收拆解、废弃电器电子产品拆解、铅酸蓄电池处理等个别品种、个别环节（主要是拆解加工环节）实行了资质管理制度，在回收环节完全采取社会化的回收模式。导致目前中国废弃物在回收环节仍以个体商贩的流动回收为主，在利用环节仍以小企业"作坊式"加工利用为主，规范回收利用率低，二次污染问题较为突出，成为废弃物治理难点。

推行生产者责任延伸制度（Extend Producer Responsibility，EPR）是发达国家和地区应对废弃物治理难题的通行而有效的做法。自 20 世纪 70 年代以来，发达国家进入了废弃物集中爆发期，"垃圾围城""邻避效应"等问题突出，造成巨大的环境污染，引发社会广泛关注。在此背景下，生产者责任延伸制度应运而生。1988 年，瑞典隆德大学环境经济学家托马斯·林赫斯特在向瑞典环境署提交的一份报告中首次系统完整地提出了生产者责任延伸制度的概念，既通过使生产者对产品的全生命周期（尤其是对产品的回收、循环和最终处置环节）负责的方式来解决废弃物处置难题。目前，德国、瑞典、日本、丹麦、挪威、荷兰、波兰、美国、加拿大、澳大利亚、捷克、爱沙尼亚、芬兰、意大利、墨西哥、斯洛文尼亚、泰国等 30 多个国家和地区实施了 EPR 制度。据不完全统计，目前已经实施的 EPR 政策有 380 多个。③

2015 年，中共中央、国务院印发的《生态文明体制改革总体方案》明确提出，"实行生产者责任延伸制度，推动生产者落实废

① 资料来源：人民网网站，http://theory.people.com.cn/n1/20180103/c416126 - 29743660.html。

② 资料来源：商务部：《中国再生资源回收行业发展报告（2018 年）》，http://ltfzs.mofcom.gov.cn/article/ztzzn/an/201806/20180602757116.shtml。

③ Review of extended producer responsibility: A case study approach, *Waste Management & Research*, 2015, Vol. 33 (7): 595 - 611.

弃物回收处理等责任"。① 引入生产者责任延伸制度，使生产者承担的环境责任从生产环节延伸到产品报废后的产品全生命周期，推动制造业绿色转型升级，提高废弃物规范回收率和循环利用水平，减轻废弃物末端处置压力，遏制二次环境污染恶化的趋势，有利于加快构建覆盖全社会的资源循环利用体系，是建设生态文明的客观要求，也是建设资源节约型、环境友好型社会的重要内容，有利于推进经济社会的可持续发展。

与发达国家相比，中国生产者责任延伸制度实践开展的比较晚。2009 年，国务院颁布《废弃电器电子产品回收处理管理条例》，明确要求按照生产者责任延伸制度的原则，设立废弃电器电子回收处理专项基金，以促进废弃电器电子产品的正规回收、拆解和处理行业发展。2012 年，财政部颁布了《废弃电器电子产品处理基金征收使用管理办法》，率先在电视机、冰箱、空气调节器、微型计算机等五类电器电子产品试行基金制度，至此中国才正式建立起较为完善的生产者责任延伸制度。2016 年，国务院办公厅印发《生产者责任延伸制度推行方案》，提出将生产者责任延伸制度的推行范围由电器电子产品扩展到汽车、铅酸蓄电池和饮料纸基复合包装等四类产品，具体制度安排由基金制度拓展到目标管理制度和押金制度等主要 EPR 制度安排。

从近年来废弃电器电子产品处理基金制度的运行效果看，废弃电器电子产品回收处理行业出现了市场竞争秩序混乱、空调等部分品种规范回收率低、企业产能利用率低、基金收不抵支、新增 9 个品种推行困难等问题，废弃电器电子产品处理基金制度在中国的运行出现了较大困难。为什么在发达国家和地区行之有效的政策制度在中国的推行却出现了这么多问题？对中国现行 EPR 制度进行全面分析，充分认识中国废弃物回收利用体系与发达国家的差异，全

---

① 参见中共中央、国务院：《生态文明体制改革总体方案》，http://www.gov.cn/guowuyuan/2015-09/21/content_2936327.htm。

面分析 EPR 制度的运行机制，探索适合中国国情的 EPR 制度推行路径，构建适合中国发展阶段的 EPR 制度体系，避免走政策"推而不行"的老路便成为当前和今后一段时期废弃物处置领域改革和发展的重点。

## 第二节　国内外研究进展

### 一、EPR 制度理论综述

从 1988 年 EPR 这一概念最早提出，到现在已经有超过 30 年的历史，这一政策制度的提出和实施受到了学术界的普遍关注。其中，对于 EPR 制度的理论研究，主要集中在 EPR 概念界定、理论依据与制度内容等三个方面。

### （一）不同国家和地区的 EPR 概念

1988 年，瑞典隆德大学环境经济学家托马斯·林赫斯特在向瑞典环境署提交的报告中首次提出了 EPR 的原则①，根据林赫斯特的说明，首次正式提出这一概念是在 1990 年向瑞典环境署提交的产品环境影响报告中，而首次正式定义这一概念则是在 1992 年的报告中，其定义为：生产者责任延伸是一项环境保护战略，主要通过产品的生产者承担产品生命周期全过程的责任，特别是报废产品的

---

① Backman M, Huisingh D, Lidgren K, Lindhqvist T. About a waste Conscious Product Development. Report. Solna〔J〕. *Swedish Environmental Protection Agency*, 1988.

回收、循环再利用和最终处理处置阶段的责任，以实现产品总的环境影响最小化的目标①。

2000 年，林赫斯特在总结他自 1990 年以来十年研究成果时，对 EPR 进行了重新定义，即：生产者责任延伸是一项政策原则，通过将产品制造者的责任延伸到产品整个生命周期的各个部分，特别是延伸到产品的回收、循环利用和最终处置阶段，促使产品系统在产品的整个生命周期内向有利于环境的方向改善②。

经过近十年的检验，EPR 的概念为越来越多的学者和政府决策者所接受，在全球很多国家的废弃物管理实践中，具有显著的政策指导作用，已经成为环境管理的基本理念，影响着全球废弃物管理实践，其性质也由最初的环境保护战略转变为一项政策原则。

自托马斯·林赫斯特首次提出 EPR 概念之后，世界经济合作发展组织（Organization for Economic Co-operation and Development, OECD）就开始探索将 EPR 作为基本的固废管理制度进行推广。1994 年，OECD 实施了一项 EPR 研究计划，并于 1998 年发表了 EPR 框架性报告，该报告将 EPR 定义为：生产者责任延伸是一项环境政策，生产者和进口者（国外产品生产者的代表人）对产品全生命周期的环境影响承担责任，包括来自产品上游生产阶段的原材料拣选的环境影响，来自生产者的生产过程本身的环境影响，和产品下游消费阶段使用和报废后处置的环境影响，生产者要通过产品设计来减少产品生命周期的环境影响，当产品的环境影响不能通过产品设计消除时由生产者承担法律的、物质的或社会经济责任③。

2001 年，OECD 的研究报告《EPR：政府工作指引》再次对

---

① Thomas Lindhqvist. *Towards an Extended Producer Responsibility-analysis of experiences and proposals. See*：*Products as Hazards-background documents* [R]. Ministry of the Environment and Natural Resources，1992：82.

② Thomas Lindhqvist. *Extended Producer Responsibility in Cleaner Production—Policy Principle to Promote Environmental Improvements of Product Systems* [D]. Lund University，2000.

③ OECD. Extended and shared producer Responsibility. Phase2. Framework Report [R]. Paris：OECD（ENV/EPOC/PPC（97）20/REV2），1998.

EPR 进行了定义，指出：生产者责任延伸是一项环境政策，生产者对于其产品所负的责任（资金支付和/或实体责任）扩大到产品生命周期的消费后的废弃物处置阶段。

这一定义具有两个相互关联的特征：（1）将产品废弃物的处置责任全部或部分从市政当局那里上移至产品原来的生产者那里；（2）激励产品生产者在产品设计时将产品的环境影响考虑进去[①]。

与上述两个概念相比，欧盟并没有直接针对 EPR 进行探究，而是以一个宏观的视角去探索如何对产品的整个生命周期进行环境管理，如自 1997 年开始的对于"综合性产品政策"（integrated product policy，IPP）的研究中即包含了 EPR 的理念，在其通过的多项包装物、废旧电池、废旧电器以及废旧汽车的指令中，都要求生产者对产品使用完毕之后的回收、处理和再生过程负责[②]。

随着 EPR 的概念提出及欧洲各国的立法实践，美国的很多研究者开始探讨 EPR 在美国的适用性问题，一些非政府环保组织也兴起了大规模的 EPR 立法运动，但因为受到产业界的强烈反对而陷入停滞。针对此种情况，为得到产业界的支持，1994 年一些学者提出了"延伸产品责任"的概念，1995 年美国总统可持续发展咨询委员会也开始研究这一问题，并认可了"延伸产品责任"的概念，在 1996 年美国可持续发展总统会议的一份关于生态效率的报告中提出：延伸产品责任是一项新兴的实践，它从产品设计到最终处置的整个生命周期出发，寻求实现资源保护与污染预防的机会。

在延伸产品责任下，制造者、供应者、使用者和产品处置者共同对产品及其废弃物对环境造成的影响承担责任。延伸产品责任的一个目标，就是识别那些在特定产品的产品链上最有能力降低产品环境影响的行为主体。在有些情况下，该主体可能是原材料的生产

---

① OECD. *Extended Producer responsibility: A Guidance manual for the Governments*. OECD, Paris：2001.

② European Commission, *Green paper on integrated product policy*. COM（2001）68 final. Brussels：February 2001.

者，但在其他情况下，该主体也可能是最终用户或其他主体。

这一概念由延伸生产者责任演变而来，在概念上与延伸生产者责任有很多共同点，都是关注产品全生命周期的环境影响及责任界定，英文简称都是 EPR，只是将 Producer 改为了 Product。从中可以看出，美国也认识到界定产品全生命周期内的环境责任的重要性，但美国的产业界反对将自身也就是生产者放在首当其冲的位置，而是要求政府、消费者和生产者共同分担附着在产品上的环保责任，这一想法也在后来生产者责任延伸的不断演化中占有极其重要的地位。随着延伸产品责任的概念提出，美国的部分州和一些行业开始大量出现生产商对废弃物自愿性的回收行动，美国联邦政府和多数州政府也倾向于以自愿和谈判的方式实施责任延伸，在此基础上，"产品全程管理"的概念开始兴起。美国环保署对"产品全程管理"作了如下定义：产品全程管理是一种以产品为中心的环境保护方法，与"延伸产品责任"一样，号召制造者、销售者、使用者和废弃物处理者分担减少产品环境影响的责任。产品制造者能够且必须为减少其产品的环境影响承担新的责任，但真正的变化不能总是生产者独自努力的结果，销售者、消费者和已有的废弃物管理基础设施也须为最切实可行和符合成本效益的解决方案努力投入[1]。

这一点与"延伸生产者责任"以制造商为核心具有显著不同。一些学者认为延伸产品责任与产品全程管理这两个名词取代了延伸生产者责任的概念，或者认为美国并没有 EPR 的概念，笔者认为并非如此。延伸产品责任与产品全程管理是美国基于延伸生产者责任的概念而派生的新理念，相比于 EPR 更强调责任应该分担，产品全程管理更强调责任分担应该以效益最大化为原则，更符合美国保护产业发展的价值取向，也更为美国产业界所接受。实际上虽然

---

[1] Business and Industry Advisory Committee (BIAC). Shared product Responsibility. BIAC discussion Paper. See：OECD International Workshop on Extended Producer Responsibility：Who is the Producer? Ottawa，Canada，1997.

EPR 强调以生产商为核心，但责任分担的理念在 EPR 实际推行中也逐渐得到贯彻，因此延伸产品责任、产品全程管理与生产者责任延伸三个概念在内涵上基本相同，可以认为产品全程服务就是美国版本的"延伸生产者责任"。美国提出产品全程管理的概念后，加拿大和澳大利亚受美国影响，也开始使用产品全程管理的理念。

综合来看，虽然不同国家和地区以及国际组织对于 EPR 制度的概念界定有所差异，但把握 EPR 制度的核心理念，可以从三个方面来看：

一是"生产者"的界定不仅局限于一般意义上的生产者，还包括进出口商和销售商，甚至包括消费者及政府。

二是该"责任"一般是一种法定义务，由国家通过政策法令实施，具有强制性。

三是"延伸"是相对于传统生产者对于产品责任而言的延伸，传统意义上的生产者对其所生产产品的质量负责即可，而延伸的生产者责任还应包括产品废弃阶段的回收、处置以及循环利用的责任，有时甚至还包括通过产品设计减少产品生命周期环境影响的责任。

## （二）EPR 提出的理论依据

EPR 概念在提出以后，国内外学者对 EPR 制度的理论依据开展了大量研究，目前认为生产者责任延伸制度的理论基础主要包括外部性内部化理论、环境权理论和循环经济理论。

1. 外部性内部化理论

外部性是经济学中的一个基本概念。道格拉斯·诺斯（1983）认为，当某个人的行为所引起的个人成本不等于社会成本，个人收益不等于社会收益时，就存在外部性[①]。萨缪尔森等（1999）认为，

---

① North D C. Private Property and the American Way [J]. *National Review*, 1983 (35): 805.

所谓外部性，是指那些生产或消费对其他团体强征了不可补偿的成本或给予了无需补偿的收益的情形①。而盛洪（1995）认为，当一个（或一些）人没有全部承担他（他们）的行为引起的成本或收益，反过来说有人承担了他人行动引起的成本或收益时，就存在着外部性②。

　　人类与环境的关系被认为是典型的外部性问题，一些人通过对生态环境的破坏获得利益却没有承担成本，获取的利益外部作用于周围受影响的人群甚至整个人类，生态环境质量变差，而其他人没有因此获得相应的补偿，从而产生了外部性。人类为了保护和改善生态环境，做出了大量努力，开展了大量制度创新，从本质上来说，就是为了消除环境外部性问题。盛洪（1995）认为当前的手段仍然不能有效解决问题，环境问题向人类和经济学提出的挑战是：（1）对于生态环境这类不可分割的公共产品，如何分割人们的权利和义务；（2）确定谁应该为改善生态环境付费，是环境的破坏者还是更好环境的受益者；（3）如何在问题不能重复的前提下解决这一问题。这些挑战与 EPR 制度的目标不谋而合，生产对于环境资源而言具有典型的外部不经济性，生产者以自身利益最大化为目标，通过压低成本获得竞争优势增加经济利润的同时，一般不考虑产品报废后的环境污染问题，总是倾向于产生过度的资源消耗和环境污染问题，而这些问题所造成的影响又往往由其他人承担，根据外部成本内部化理论，将环境成本纳入生产者的成本之中即是外部性问题的解决之策。

　　EPR 制度作为解决废弃物管理市场失灵的一种手段，通常带有国家立法的强制性特征，要求生产者承担相应的环境成本，并将环境成本纳入其生产成本之内，从而使得外部成本内部化。通过 EPR 制度解决产品造成的环境负外部性问题有以下几点优势：

---

① 萨缪尔森：《经济学》，中国发展出版社 1992 年版，第 194 页。
② 盛洪：《外部性问题和制度创新》，载《管理世界》1995 年第 2 期。

第一，EPR制度根据"谁污染，谁付费"的原则，通过法律或相关政策条文确定责任承担主体的情况下，使得政府能够直接追究责任主体，实施监管①。

第二，生产企业可以通过产品生态设计提高废弃物处置便利性，降低废弃物处置成本，从而在外部环境成本内部化过程中，将环境成本转化为自身的竞争优势，从而在市场竞争中获得更有力的竞争地位。

第三，由于信息不对称的普遍存在，生产者对其自身产出产品的结构性能最为了解，因而由生产者自身直接对其产出产品进行回收处理或在生产者参与下委托专业第三方进行回收处理的成本会相对较低，这符合社会成本最小化原则。

第四，鉴于生产者最终将对自身生产的产品回收处理负责，其在产品设计过程中必然会将耐用性、可回收性、可拆解性和可降解性等因素纳入产品设计之中，生态化设计将有利于从源头减少产品的负外部性影响②。

第五，随着生产者回收处理技术的不断发展，最终将有利于生产者资源再利用技术水平提升，降低自身的生产成本和对自然资源的过度消耗程度③。

2. 环境权理论

在以追求经济利益为主要目标的发展阶段中，环境权是长期被忽视的一个概念，随着消费后废弃物污染问题日益凸显，严重影响了自然生态环境和人民的健康生活，人们对环境污染的风险分担问题越来越关注，环境污染成为后工业化时代亟待解决的难题。

1960年，一项向欧洲人权委员会提出的控告中指出，向北海倾

---

① 王干：《论中国生产者责任延伸制度的完善》，载《现代法学》2006年第4期。
② 鲍健强、翟帆、陈亚青：《生产者延伸责任制度研究》，中国工业经济出版社2007年版，第98～105页。
③ Hirschberg S. Externalities in the Global Energy System [J]. *Springer Netherlands*，2012（54）：121–138。

倒放射性废弃物的做法有悖于《欧洲人权条约》，自此引发了一场旷日持久的关于"环境权"是否应被纳入欧洲人权清单的激烈争辩。20 世纪 70 年代，美国学者萨克斯提出涉及环境资源的"公有说"，认为良好的资源环境是全民的共享资源与公共财产，任何人都没有对国家公共财产随意占有、支配和破坏的权利。但是，环境权作为一种特殊的权利，为合理利用并保护这一权利，只能以契约形式委托国家进行监督与管理，国家成为全民的代理人，需对全民的环境权负责，这就是"公共委托说"①。随着对环境权探讨的不断深入与理论的发展，目前认为环境权是享有良好环境的权利，如清洁空气权、清洁水权、安宁权和景观权等。环境权作为生态文明时代的重要权力，是进行环境公益诉讼的重要理论基础。

在 EPR 制度下，国家作为全民的委托人，将生产者的责任延伸到产品消费废弃后的回收处理阶段，以保障全民免遭废弃物弃置所带来的环境污染风险。根据环境侵权责任，EPR 制度中生产者延伸责任的承担需要符合以下两个原则：

第一，归责原则应采用无过错责任原则，也就是说，无论生产者有无过错，只要其产出产品在消费后的弃置阶段造成了环境污染问题，都应承担对全民环境权的侵权责任。中国在 1979 年《环境保护法（试行）》中就明确规定"谁污染，谁治理"的原则，在 1989 年的《环境保护法》中修改为"污染者治理"原则，在 1996 年《国务院关于环境保护若干问题的决定》中提法为"污染者付费原则"，而在 2014 年《环境保护法》最新修订案中，提法为"损害担责"原则，这些都体现了生产者应承担侵害全民环境权的责任。

第二，在责任形式方面，由于环境损失难以计量，损害赔偿不是 EPR 制度的最主要责任形式，而应该以消除危险、排除妨害和恢复环境等预防性或修复性措施为主，从产品的设计环节或回收、

---

① 金瑞林：《环境法学》，北京大学出版社 1990 年版，第 112 页。

处置及利用阶段减少对环境的影响。

以中国环境保护原则的演化发展过程为例，无论是"谁污染、谁治理""污染者治理"还是"损害担责"，都体现了污染者负担的精神，但法律的规定一直在向着更加完善、更加严格、更加体现污染者责任前进。"谁污染、谁治理"意味着污染者只对已经产生的污染负责，只有发生了污染，污染者才需要治理，并且只承担治理责任。而"污染者治理"进一步要求污染者还要对潜在的污染行为进行防治，"污染者付费"原则，并不要求污染者亲自参与治理，将污染者的参与责任转化为经济责任，并且不但为污染治理付费，还要为污染造成的损害付费，而最新的环保法中提出的"损害担责"，则是对污染者付费或者污染者承担原则的发展，要求污染者承担损害公民环境权的责任，覆盖的对象更广，要求所有相关责任人必须采取措施来避免对环境的破坏，并对产生的污染承担责任，该原则的实施对象并不限于污染企业，承担的也不只是经济责任。

3. 循环经济理论

循环经济的概念最早由皮尔斯和特纳（Pearce and Turner）提出[1]，并由诸大建于 1998 年引入中国。所谓循环经济是相对于传统的"资源—产品—废弃物"线性发展模式而言的，以"资源—产品—再生资源"为基本模式，并在整个生产和服务过程中贯彻"减量化""再利用"和"资源化"的"3R 原则"（Reduce，Reuse，Recycle），从而实现以"低消耗""低排放""低投入"和"高效率"的集约型经济增长模式[2]。EPR 制度的实施有利于在生产过程中贯彻执行"3R 原则"，符合可持续发展要求，对于循环经济实践发展有较强的推动作用[3]。

---

① Pearce D W, Turner R K. *Economics of Natural Resources and the Environment* ［M］. London：Harvester Wheatsheaf，1990.

② 诸大建：《可持续发展呼唤循环经济》，载《科技导报》1998 年第 19 期。

③ 陆学、陈兴鹏：《循环经济理论研究综述》，载《中国人口·资源与环境》2014 年第 S2 期。

对废弃物进行回收加工处理变成再生资源，进行废物资源化利用是循环经济的重要内容。根据循环经济理论，废物资源化能否实现需要三个方面的保证：

第一，经济行为主体拥有回收再利用废弃物的权利，EPR 制度要求生产者承担产品废弃阶段的回收处理责任的同时也赋予了其回收处理其自身生产的产品的权利。

第二，经济行为主体拥有回收再利用废弃物的技术，由于产品由生产者设计生产，生产者对其材料特点及结构特性也最为了解，由生产者对其自身生产的产品进行回收再利用，为废物资源化的实现提供了技术保证。

第三，经济行为主体能够从回收再利用废物中获利，在 EPR 制度实施的初级阶段这一条件很难保证，因为多数企业的废物资源化技术不足，成本较高，这一时期就需要政府相关政策的支持。但随着 EPR 制度的不断深入实践，优胜劣汰机制将会淘汰技术水平较差的企业，促进技术进步，最终使得废物资源化成本低于企业购买新材料的成本，从而有利可图。

## （三）EPR 制度内容

在 EPR 制度内容方面，国内外学者主要开展了包括 EPR 制度责任主体、责任内容、实施对象、回收模式、付费方式、激励机制和制度评估等在内的研究。

首先，在责任主体方面，绝大部分学者认为 EPR 制度的责任主体——生产者就是指产品的制造者，即生产者就是能够作出统一生产决策的单个经济单位，也就是企业或者厂商[①]。但也有一些学

---

① Davis G. A. Extended Producer Responsibility: A New Principle for a New Generation of Pollution Prevention [R]. 14 – 15 November1994, Washington, D. C. Knoxville, TN: Center for Clean Products and Clean Technologies, The University of Tennessee, 1994: 1 – 14.

者认为生产者是指废弃物的生产者，既包括企业（厂商），也包括消费者①。目前，从各国环境政策实践看，消费者适用的更多的是排放者付费制度，其政策目标、作用机制与生产者责任延伸制度存在很大差别，因此本书所称的生产者不包含产品消费者。

此外，林赫斯特在提出生产者责任延伸概念时指出，生产者主要包括原材料开采者、零部件制造商、成品组装者和销售环节的所有参与者②。当今社会，产品生产是一个庞杂的体系，一个产品生产的原料开采环节和零部件制造商可能包含众多主体，有的可能还涉及跨国供应商，考虑到生产者责任延伸制度实施产品主要是最终消费品，所以本书所指的生产者也不包含原材料开采者、零部件制造商、销售环节参与者。综合以上因素考虑，本书所指的生产者为最终产品的生产企业或厂商（含进口商）。

在责任内容方面，1992 年 4 月，林赫斯特在一份关于生产者责任延伸的报告中，对延伸生产者责任的不同类型进行了划分，指出延伸的生产者责任包括法律责任、经济责任、行为责任和信息责任③。（1）法律责任是指对问题产品已造成的环境破坏承担的责任，责任范围由法律界定并且可能包含产品生命周期的不同阶段，如产品使用和报废产品的最终处理处置阶段。目前，国内学者普遍将该责任归纳为产品责任或环境损害责任。（2）经济责任是指生产者需要承担下列过程的部分或者全部费用，如报废产品的收集、循环再利用以及最终处理处置的费用。生产者可以直接支付或者通过支付特定费用的方式承担该责任。（3）行为责任是指生产者对产品

---

① Brewer C. Extended Product Responsibility：The Shared Rolesin Waste Reduction，Pollution Prevention and Resource Conservation ［R］. In OECD International Workshop on Extended Producer Responsibility：Who is the producer？. Ottawa，Canada，1997.

② Thomas Lindhqvist. Ryden E. Designing EPR for Product Innovation ［R］. In OECD International Workshop on Extended Producer Responsibility：who is producer？. Ottawa，Canada，1997.

③ Thomas Lindhqvist. *Towards an Extended Producer Responsibility—analysis of experiences and proposals. See：Products as Hazards—background documents.* Ministry of the Environment and Natural Resources. Ds，1992：82，1992.

全生命及其总的环境影响的管理行为责任。国内学者也将该责任称为物质责任。在产品生命周期内，生产者可以保留对产品法律意义上的所有权，相应承担相关的环境和产品质量管理责任，目前，国内有学者将该责任单独分类为产权责任。（4）信息责任是指要求生产者提供与产品相关的环境信息，由此产生的产品延伸责任。

在实施对象方面，EPR 制度并不适用于所有废弃物。黄锡生、张国鹏（2006）认为中国目前应当选择对环境污染较大的产品作为 EPR 制度的实施对象，综合运用经济手段和法律手段确保制度的顺利实施①。魏洁（2006）认为是否适合 EPR 制度需要考虑产品的寿命、构成、市场、分布状态、二级材料市场等因素②。鲍健强、翟帆和陈亚青（2007）在总结国内外 EPR 制度实施经验时指出，EPR 制度的实施应该是一个由易到难、循序渐进的过程，应从包装废弃物等具有实施条件且亟待解决的产品入手，逐步扩展到各种家电产品，最后进入电子产品及汽车等再资源化程度较高的产品领域③。OECD 工作组（2001）则认为，决定是否适合采用 EPR 制度最主要的两个因素是废弃物对环境影响的大小以及产品回收价值的高低④。

在回收模式方面，斯派瑟和约翰逊（Spicer and Johnson，2004）探讨了实现延伸生产者责任的三种形式——原始生产者回收、联合回收和第三方回收，认为第三方回收是实现 EPR 的最优模式，并介绍了一种具体实施第三方回收模式的方法，即通过建立一个拥有统一信息系统的第三方回收市场来确保产品循环的正常进行并为回

---

① 黄锡生、张国鹏：《论生产者责任延伸制度——从循环经济的动力支持谈起》，载《法学论坛》2006 年第 3 期。
② 魏洁：《生产者责任延伸制下的企业回收逆向物流研究》，西南交通大学博士论文，2006 年。
③ 鲍健强、翟帆、陈亚青：《生产者延伸责任制度研究》，载《中国工业经济》2007 年第 8 期。
④ OECD. Extended Producer responsibility：A Guidance manual for the Governments. OECD，Paris：2001.

收过程进行融资①。钱勇（2004）运用产业组织学理论分析了共用与专用产品回收体系下 EPR 政策对市场结构与企业行为产生的影响，认为共用的产品回收体系，避免了中小产品制造企业因难以独立完成产品回收而退出市场，从而保持了产品市场的竞争性②。李军、魏洁（2010）认为 EPR 制度的回收模式包括 OEM 回收、联合回收以及第三方回收三种主要形式，OEM 回收适用于生产商数量较少的产品，有利于产品设计意见的反馈，但制造商承担的财务风险较大；联合回收适用于差异性较小的产品，回收效率低于 OEM 回收模式；而第三方回收模式对产品设计较为敏感，且具有较强的竞争性，但定价机制和回收数量、质量方面的问题还有待进一步探讨研究③。李等（Li. S et al.，2012）研究认为最有效的回收模式是通过制造商回收废弃产品，政府实施 EPR 政策有利于促进再制造产业的发展，提高再制造产品的销售量，而且能够增加供应链的利润④。乔鹏亮（2013）分析了在废弃物回收利用中各参与者的动机、责任与权益及资金支付，按生产者参与废弃物回收利用的强弱程度将废弃物回收分为生产企业自营回收模式、生产企业联合回收和第三方回收模式，分析构建了适合中国的废弃物回收模式⑤。努诺·费雷拉·达克鲁兹等（Nuno Ferreira da Cruz et al.，2014）从不同维度对产品回收的成本收益进行了分析，得出了最优的社会回收率⑥。

---

① A. J. Spicer, M. R. Johnson. Third—party Demanufacturing as a Solution for Extended Producer Responsibility [J]. *Journal of Cleaner Production*, 2004（12）：37 –45.

② 钱勇：《OECD 国家扩大生产者责任政策对市场结构与企业行为的影响》，载《产业经济研究》2004 年第 2 期。

③ 李军、魏洁：《基于 EPR 制度的逆向物流研究与应用综述》，载《软科学》2010 年第 4 期。

④ Li, S., Shi, L., Feng, X. and Li, K. Reverse channel design：the impacts of differential pricing and extended producer responsibility. *International Journal Shipping and Transport Logistics*, 2012, 4（4）：357 –375.

⑤ 乔鹏亮：《生产者责任延伸下的废弃物流研究》，载《物流技术》2013 年第 7 期。

⑥ Nuno Ferreira da Cruz, Pedro Simões, Rui Cunha Marques. Costs and benefits of packaging waste recycling systems [J]. *Resources, Conservation and Recycling*, 2014（85）：1 –4.

在付费方式方面，张芳（2014）重点对资金供给机制进行了分析，指出生产者主要通过纳税和交费来支付，消费者主要通过购买商品和支付专项费用来支付，最终由消费者承担了经济责任。张芳等（2016）认为，按照消费者的付费时机、付费方式，可以分为直接预收费体系、间接预收处置费体系和最后的所有者付费体系。直接预付费体系是指产品价格中直接含有专门数量的费用，用于支持这种产品生命周期末端的回收处置，消费者在购买产品时能够直接观察到他们为产品的回收和末端处理支付的费用。押金返还制度中预缴押金就是对回收处理直接缴纳预付费。间接预先处置费是指根据回收和处理成本对某种产品征收一定费用，对于消费者来说收取的处置费是不可见的，末端管理的成本内部化进产品的价格。预先收费既可以在销售点从消费者那里直接收取，也可以以总的销售额为基础从生产者那里收取。基金制的征收方式就是典型的不可预见预先征收处置费的方式。所有者付费体系是指由产品最后的所有者直接支付废旧产品环境友好处理的成本①。

为研究得出最优的激励机制以促进 EPR 制度的实行，还有一些学者探讨了最优激励机制。这方面的研究较为丰富，黄锡生、张国鹏（2006）认为应综合运用经济手段和法律手段确保 EPR 制度的顺利实施，还应明确相关主体的法律责任、完善废弃物回收处置体系，并建立和完善 EPR 制度的政策工具②。周丹、海热提、夏训峰和陈凤先（2007）探讨了国外发达国家基于 EPR 制度的管理实践，发现其实施手段包括直接法律手段、间接法律手段、直接经济手段、间接经济手段和教育手段，并针对中国废旧汽车回收制度提出了相关建议③。刘丽敏、杨淑娥（2007）鉴于中国不考虑外部环

---

① 齐建国、陈新力、张芳：《论生态文明建设下的生产者责任延伸》，载《经济纵横》2016 年第 12 期。
② 黄锡生、张国鹏：《论生产者责任延伸制度——从循环经济的动力支持谈起》，载《法学论坛》2006 年第 3 期。
③ 周丹、海热提、夏训峰、陈凤先：《汽车回收中实施生产者责任延伸制手段研究》，载《环境科学与技术》2007 年第 9 期。

境成本计量的现状，认为中国当前实施 EPR 制度的手段过于单一，多是以罚款为主，而对于环保企业的激励不足，提出应以"谁污染、谁付费、谁治理"为原则，形成一个政府、市场和企业相结合的外部环境成本内部化的约束机制①。宋高歌、黄培清、宋向前（2007）将提供产品服务的供应商按其服务范围分为销售产品型、服务延伸型和全生命周期管理型供应商，探讨了对应的延伸责任的分担和激励机制，认为以上三种类型的供应商应分别采用按量支付、节约共享模式和固定服务模式这三种契约结构②。吴怡、诸大建（2008）基于 SOP 模型构建了 EPR 制度的理论体系，明确了该责任的主体、对象以及实施过程，在此基础之上，综合制度适用性激励、责任推进性激励以及实施策略性激励建立了相应的激励模型③。何文胜（2009）从废旧家电回收处理的角度对废旧家电的回收处理模式、回收主体利益与回收激励机制进行了分析，并指出了国内外家电领域实施 EPR 制度的三种典型模式。利用斯塔克伯格博弈理论建立了生产商、分销商、消费者、回收企业和处理企业等参与回收的不同主体差异化激励机制，为中国废旧家电回收处理的规范化提供理论借鉴④。任鸣鸣（2009）运用委托—代理理论，分别探讨了在对称信息和不对称信息情况下，政府环境监管部门对多家电子生产企业实施生产者责任延伸制度的激励问题⑤。杨玉香、周根贵（2011）研究了 EPR 制度下废旧产品的污染税确定问题，在构建供应链网络报废产品排放污染税内生模型的基础之上，探讨

---

① 刘丽敏、杨淑娥：《生产者责任延伸制度下企业外部环境成本内部化的约束机制探讨》，载《河北大学学报（哲学社会科学版）》2007 年第 3 期。
② 宋高歌、黄培清、宋向前：《产品服务系统中的契约结构选择》，载《统计与决策》2007 年第 24 期。
③ 吴怡、诸大建：《生产者责任延伸制的 SOP 模型及激励机制研究》，载《中国工业经济》2008 年第 3 期。
④ 何文胜：《EPR 制度下废旧家电回收主体的利益博弈与激励机制研究》，西南交通大学博士学位论文，2009 年。
⑤ 任鸣鸣：《基于电子企业生产者责任制实施的激励机制设计》，载《系统工程》2009 年第 4 期。

了如何在预期环境目标的约束下确定最优的污染税征收标准[1]。郭军华、李帮义、倪明（2012）探讨了当新产品以及再制造产品的需求不确定时，生产者延伸责任的分担机制的构建问题，通过构建基于再制造产品批发价协议的生产者延伸责任分担机制，以保证生产者责任延伸机制的有效实施[2]。曹东、胡强、吴晓波和周根贵（2013）认为在 EPR 制度实施的不同阶段均存在制造商的逆向选择和道德风险并存的状况，探讨了 EPR 制度实施的不同阶段，单一制造商再制造率等因素对政府期望收益的影响，进而提出应采取不同的政府激励契约结构以促进制造商的努力水平[3]。乔琦，李艳萍（2014）认为生产者责任延伸制度是实现环境保护战略由"末端治理"逐步向"过程控制"和"源头预防"的全过程防控战略转型的重要手段之一。针对 EPR 的责任分摊模式，建议采取分阶段分类型的逐步推进模式。在制度实施初期，政府应通过政策引导与资金支持激励电子废弃物、报废汽车等领域的生产者承担责任，而在制度推行的成熟阶段则可以将产品链条的全部参与者纳入责任承担者范围，"共同但有区别地"分担责任[4]。

在制度评估方面，OECD 在 2001 年对 EPR 开展了广泛研究，在欧盟国家开展了半访谈式调查，通过行业和国家层面开展的案例研究，来了解和帮助各国更好地参与系统工作。2002 年，OECD 组织了一次 EPR 经验研讨会，研讨会上主要对一些重要问题做出了回答，例如，如何设置 EPR 的经济目标，如何设计有效的 EPR 政策工具，并确保适当的评估和反馈机制等。为了评估 EPR 政策的

---

① 杨玉香、周根贵：《EPR 下供应链网络报废产品排放内生污染税模型》，载《管理科学学报》2011 年第 10 期。
② 郭军华、李帮义、倪明：《不确定需求下的延伸责任分担机制》，载《系统工程》2012 年第 1 期。
③ 曹东、胡强、吴晓波、周根贵：《基于 EPR 制度的政府与制造商激励契约设计》，载《系统工程理论与实践》2013 年第 3 期。
④ 乔琦、李艳萍：《中国推行生产者责任延伸制度的机遇与挑战》，载《资源再生》2014 年第 11 期。

社会成本，OECD（2005）还在其报告中提出了一个框架，用于分析此类项目的成本和收益①。梅克拉肯和贝尔（MeCracken and Bell，2004）论述了 EPR 对商业活动的影响，进而介绍了减少成本的具体策略②。谢芳、李慧明（2006）认为 EPR 制度有利于促进企业构建循环经济模式，并探讨了三种典型的循环经济发展模式③。李世杰、李凯（2006）以 2005 年颁布实施的《中华人民共和国固体废物污染环境防治法》为契机，提出 EPR 制度的实施是一把双刃剑，分析了该制度实施的双重效应：一方面，EPR 制度的实施可能成为压垮资源型、制造型企业的最后一根稻草；另一方面，该制度的实施有利于推动企业技术创新、加速行业优胜劣汰，并且有利于资源的更加合理利用，从而为企业制造出新的利润增长点④。王干（2006）认为 EPR 制度的功能在于促进循环经济发展、提高产品的控制水平，并使得个人环境权益的保障有法可依。孙曙生、陈平、唐绍均（2007）认为，由于产品在消费阶段后存在环境污染与资源浪费的问题，而生产者责任延伸制度为这些废弃物的污染问题找到了合理的解决出口⑤。童昕、颜琳（2012）指出，随着 EPR 制度在世界范围内的迅速传播与应用，该制度的实践成效也备受质疑。根据多层次转型理论（MLP），对比分析了该制度的创新导向性分析路线和制度导向性分析路线，认为前者更多强调如何完善和激励个体生产者责任，而后者更强调完善循环处理基础设施并提高管理效率，不同的分析路线导致了不同国家在政策选择上的差异。最后结

---

① OECD. Analytical Framework for Evaluating the Costs and Benefits of Extended Producer Responsibility Programmes. OECD Papers，2006（5）：1 - 18.

② Jennifer McCracken，Victor Bell. Complying with extended producer responsibility requirements：business impacts，tools and strategies. IEEE International Symposium on Electronics & the Environment，2004：199 - 203.

③ 谢芳、李慧明：《生产者责任延伸制与企业的循环经济模式》，载《生态经济》2006 年第 6 期。

④ 李世杰、李凯：《生产者延伸责任的双重效应分析》，载《技术经济与管理研究》2006 年第 6 期。

⑤ 孙曙生、陈平、唐绍均：《论废弃物问题与生产者责任延伸制度的回应》，载《生态经济》2007 年第 9 期。

合中国电子废弃物管理实践，从宏观、中观和微观三个层次对中国的 EPR 系统进行了评估分析①。

## 二、EPR 制度实践综述

EPR 既是一种理念、一种政策原则，同时也是一系列法令、规定和行动的集合，从全世界范围来看，通过制定法律、法规和制度来实施是 EPR 制度实施的主要方式。EPR 的概念提出以来，瑞典和德国就将 EPR 原则应用于结构简单、生命周期短的包装废弃物。如德国 1991 年 6 月开始实施《包装法令》，瑞典在 1993 年发布《生态循环提案》，提议对包装物、新闻纸基于 EPR 原则制定专门法规。随着 EPR 在 OECD 国家和全世界得到广泛认可，EPR 适用的产品范围也不断扩大。目前，德国、瑞典、日本、丹麦、挪威、荷兰、波兰、美国、加拿大、澳大利亚、捷克、爱沙尼亚、芬兰、意大利、墨西哥、斯洛文尼亚、印度、泰国等 30 多个国家和地区实施了 EPR 制度，EPR 原则已广泛应用于废旧电池、报废汽车、废旧轮胎、电子废弃物、建筑垃圾等复杂耐用商品，成为许多国家废弃物管理政策的主要发展趋势。随着 EPR 制度的不断推广，也有越来越多的学者开始对 EPR 制度的政策实施工具和具体实践成效进行研究分析。

林赫斯特（1992）认为，EPR 执行的政策工具可归纳为三大类：

第一，行政型工具。通过法律、法规及行政手段促进 EPR 制度推行，主要包括：针对特定产品开展强制性回收，规定参与主体负责收集、回收废弃物的责任，设定回收和循环利用目标，制定相适应环境标准、再生原料使用最低比例，禁止及限制特定材料的使用，禁止及限制特定产品的生产销售等。

---

① 童昕、颜琳：《可持续转型与延伸生产者责任制度》，载《中国人口·资源与环境》2012 年第 8 期。

第二，经济型工具。通过经济手段促进 EPR 制度的执行，包括：预收处置费、环境税、征收处理基金，实施押金返还制度等。

第三，信息工具。主要是通过信息手段促进 EPR 制度的执行，产品要标识环境信息和回收信息，向回收利用企业提供产品构造、组成及回收特征等相关信息，向消费者提供垃圾分类信息等，以及其他节能环保标识、相关警语等①。

在具体实践领域，各国执行 EPR 制度的政策工具均会根据本国国情进行适当调整。下面，本书将选取典型国家和地区的 EPR 制度推行政策工具与实践成效进行综述。

## （一）日本

日本主要通过行政型工具和信息工具推行 EPR 制度走向实践领域。日本狭小的国土面积和有限的自然资源促使日本在 20 世纪 90 年代就提出"环境立国"的口号，并集中制定了废弃物处理、再生资源利用、家用电器循环利用等一系列法律法规。早在 1998 年，日本就通过了世界上第一部回收废旧家电的立法——《特定家用机器再商品化法》。2001 年，日本正式实施《家电循环利用法》，从法律角度规定了电冰箱、电视机、空调和洗衣机四类电器产品的循环利用指标，并开始实践生产者延伸制度与本国情况相互融合的新型制度。随后，日本于 2003 年修订了《资源有效利用促进法》，将台式电脑的主机和显示器、笔记本电脑等电子产品也列入了循环利用的对象范围，并规定企业在销售新产品时将回收费用计入售价之中。通过法律约束，日本目前已经形成了完善的由消费者和生产者责任分担的处理机制。法律规定消费者有责任支付家电废弃后的

① Thomas Lindhqvist. Towards an Extended Producer Responsibility-analysis of experiences and roposals. See：Products as Hazards-background documents ［R］. Ministry of the Environment and Natural Resources，1992：82.

运输及再生利用的系列费用，生产者需承担废弃家电再生利用的责任，零售商则需承担回收、运输废弃家电的责任，进口商需要回收其售出的产品。而消费者到经销商、经销商到回收点的运输费用由消费者按照经销商自行确定的收费标准另行交纳。

此外，为了能够更好地协调废弃电器电子产品回收利用全链条各利益相关者的责任，日本还专门成立了家电再生利用券管理中心（RKC），通过发行回收券的方式将各利益相关者相互连接，确保EPR制度的贯彻执行。具体程序为，消费者需要购买回收券，并在交投废弃家电至经销商时，将回收券贴在废弃家电本体上。回收券会随废弃家电依次经过回收、运输等环节，进入指定的回收场所归档，并由专人在相应的系统中录入废弃家电的回收利用情况；而家电处理基金则经由经销商最终汇集到RKC。RKC根据回收券的信息将资金补助发放至废弃家电回收及处理场所。明确的回收目标和严格的惩罚措施，使得EPR制度在日本得以贯彻执行。东条（Tojo，2001）研究日本在电子产品和汽车领域推行EPR制度的立法实践，表明责任立法能够显著地激励生产者革新产品技术，设计更加具有可持续性的产品[1]。诺罗姆和奥西班乔（Nnorom and Osibanjo，2008）也分析了日本实施EPR制度的成效，发现日本的电子产品制造商在生产过程中都会严格遵循环境无害原则，其目的不仅是遵循环境保护的要求，而且也是一种保持自身竞争力的商业手段[2]。

## （二）欧盟

欧盟在电器电子产品领域采取的是目标管理制度。为促进废弃

---

[1] N Tojo. Effectiveness of EPR programme in design change：Study of the factors that affect the Swedish and Japanese EEE and automobile manufactures. *LIIEE Reports*，2001.

[2] I. C. Nnorom and O. Osibanjo. Overview of electronic waste（e-waste）management practices and legislations，and their poor applications in the developing countries ［J］. *Resources Conservation and Recycling*，2008，52（6）：843－858.

电器电子产品的回收处理，2003 年 2 月 13 日，欧盟议会及其委员会颁布了《报废电子电气设备指令》（Directive on Waste Electrical and Electronic Equipment. 2002/96/EC，即 WEEE 指令）和《电子电气设备中限制使用某些有害物质的指令》（Restriction of Hazardous Substances. 2002/95/EC，即 RoHS 指令），并于 2012 年 7 月 4 日签署了 WEEE 指令 2012/19/EU（以下简称新版 WEEE 指令）。新版 WEEE 指令涵盖商品主要是电器电子设备和气体放电灯，分阶段规定了 WEEE 的回收率目标和再利用率目标。新版 WEEE 指令的修订加强了欧盟各成员国对 WEEE 的管理，成员国须建立生产者记录，并以年为单位，收集其国家范围内投放到市场上的电器电子产品的数量和种类，收集、再利用、再循环和回收情况，以及被收集废物的出口信息。各成员国在对 WEEE 的收集、处理、循环再利用和最终处置进行管理的同时，还需确保执行 WEEE 指令的相关行政机构相互协作，共享相关信息，以此确保生产商、回收处理商在各成员国正确履行新版 WEEE 指令，同时为欧盟委员会提供相关信息报告。

欧盟成员国在 EPR 制度实践领域的成效也是较为卓著的。福尔斯林德（Forslind，2005）在研究瑞典汽车以旧换新实践时发现，EPR 制度赋予了消费者返还废旧产品的责任，同时也赋予了生产者处理生命周期末端产品的责任，这两种责任看似相互独立，实则相互依赖。EPR 制度实际上意味着生产者与消费者共同承担产品处理成本，但回收处理费用最终的支付者是生产者，这无疑给生产者带来了较大的不确定性风险，鉴于此，解决方案应该是建立瑞典废弃物处置基金系统，为支付产品处理费用进行融资①。麦克丽、奈特和索普（McKerlie，Knight and Thorpe，2006）研究了欧盟国家推行 EPR 制度的经验，研究发现德国为了更好在包装废弃物领域推行

---

① K. H. Forslind. Implementing extended producer responsibility: The case of Sweden's car scrapping scheme [J]. *Journal of Cleaner Production*, 2005 (13): 619–629.

EPR 制度，成立了 DSD 公司，进行包装类废物的收集回收及利用工作，该制度的推行使德国每年的包装废弃物减少了 3% 左右。而欧盟各国在电子废弃物等领域的实践促进了回收利用废弃物的技术革新，有利于可持续型产品设计并显著减少资源浪费①。保罗·弗朗、保罗·里贝罗和西尔瓦（Paulo Ferrao，Paulo Ribeiro and Silva，2008）对葡萄牙政府在轮胎领域实施 EPR 制度的效果进行分析，发现该制度的实施增加了废旧轮胎的回收利用率，并促进了回收处理设备的构建与完善②。卡希尔、格兰姆斯和威尔逊（Cahill，Grimes and Wilson，2011）比较了欧盟成员国中 11 个典型国家在 EPR 制度实践领域的异同，发现其 EPR 实施的机制差异主要影响因素为地方政府的角色及其与生产者之间的关系、国家制度和已有的法律制度。虽然实施机制有所差异，但整体来看，各国在包装及电子产品废弃物领域的实践结果还是很成功的③。尼扎、桑托斯、科斯塔、里贝罗和费朗（Niza，Santos，Costa，Ribeiro and Ferrao，2014）分析了葡萄牙执行 EPR 制度的政策效果，发现实践效果不仅在数量上而且在质量上都十分显著，大大降低了环境污染的程度，但是从长期来看，葡萄牙仍然有一些改进的空间，如使用填埋税等经济型工具和运用禁止填满政策、提高回收利用标准等政策性工具④。马基斯、克鲁兹、西莫斯、费雷拉、佩雷拉和耶格（Marques，Cruz，Simões，Ferreira，Pereira and Jaeger，2014）对比利时和葡萄牙在实施包装废弃物回收中的经济可行性从回收方式、再利

① Kate McKerlie，Nancy Knight，Beverley Thorpe. Advancing Extended Producer Responsibility in Canada [J]. *Journal of Cleaner Production*，2006（14）：616 – 628.

② Paulo Ferrão，Paulo Ribeiro，Paulo Silva. A management system for end-of-life tyres：A Portuguese case study [J]. *Waste Management*，2008（28）：604 – 614.

③ Rachel Cahill，Sue M Grimes and David C Wilson. Extended producer responsibility for packaging wastes and WEEE – a comparison of implementation and the role of local authorities across Europe [J]. *Waste Management & Research*，2011（29）：455 – 479.

④ Samuel Niza，Eduardo Santos，Inês Costa，Paulo Ribeiro and Paulo Ferrão. Extended producer responsibility policy in Portugal：a strategy towards improving waste management performance [J]. *Journal of Cleaner Production*，2014（64）：277 – 287.

用方式和融资形式几方面进行了比较分析，发现比利时在融资可持续性方面更具优势，而在葡萄牙，只有在低人口密度的情形下才能维持在循环系统的收支平衡①。克鲁兹、费雷拉、卡布拉尔、西莫斯和马基斯（Cruz，Ferreira，Cabral，Simoes and Marques，2014）分析了欧洲国家在实施 EPR 制度时谁是回收成本的真正承担者问题，研究发现在德国和英国承担者是产业自身，而且除罗马尼亚以外的大部分国家实施 EPR 制度的收益都大于成本，最后还呼吁使用信息工具提高人们的环保意识，以提高废弃物的回收率②。

## （三）美国

美国环保局根据联邦法规中资源保护与回收条例，把废铅酸蓄电池归类到危险废物之列，禁止居民自行随意处置，然而各个州具体采取哪种措施开展安全有效回收，并没有国家层面的强制要求。目前，美国已建立了三种有效的铅酸蓄电池回收途径：一是由铅酸蓄电池生产商通过其销售网络进行回收；二是由州政府出台文件，批准设置专门进行铅酸蓄电池和其他含铅废弃物收集的专业回收机构，专业回收机构将回收的含铅废弃物料交由拥有生产经营许可证的、具有一定生产规模的再生铅厂进行加工；三是采取押金返还、征收环保税、购买汽车预交抵押金等方式由再生铅生产厂商直接回收。在美国运行效果较好的机构是美国国际电池委员会（BCI）。BCI 作为一个非营利性贸易协会，内部成员由美国铅电池制造商、分销商、零售商、回收商等多种利益相关者组成，责任分摊机制更

---

① Rui Cunha Marques，Nuno Ferreira da Cruz，Pedro Simões，Sandra Faria Ferreira，Marta Cabral Pereira，Simon De Jaeger. Economic viability of packaging waste recycling systems：A comparison between Belgium and Portugal ［J］. *Resources*，*Conservation and Recycling*，2014（85）：22 – 33.

② Nuno Ferreira da Cruz，Sandra Ferreira，Marta Cabral，Pedro Simões，Rui Cunha Marques. Packaging waste recycling in Europe：Is the industry paying for it? ［J］. *Waste Management*，2014（34）：298 – 308.

加公开透明。目前，BCI 已涵盖范围已包含了全美 98％ 的铅电池制造产能，以及全美 97％ 的废电池回收产能。BCI 内的再生铅企业的员工数已达 2 100 余名。在其推动下，目前全美废铅电池回收率已达到 99％。菲什拜因等（Fishbein et al.，2000）介绍了美国将 EPR 应用于地毯的回收而取得了巨大成功的实例①。王兆华和尹建华（2006）介绍了生产者责任延伸制度在美国等发达国家的实践经验，认为该制度的实施有利于引导消费者培养绿色消费观念，推动企业绿色技术创新②。吕静（2007）分析了美国等国家的 EPR 制度的立法实践，发现美国政府在实施 EPR 制度时注重通过立法形式培养企业开展废弃物的回收处理，值得中国参考借鉴③。

## （四）中国台湾地区

中国台湾地区是较早在废弃电器电子产品领域引入生产者责任延伸制度的地区之一，大陆现行废弃电器电子产品生产者责任延伸制度主要是借鉴中国台湾地区的经验。

中国台湾地区高度重视废弃电器电子产品处理问题的原因包含两个方面：一方面是从本地的环境保护角度出发，解决当地的废弃电器电子产品回收处理问题；另一方面是产业界为了应对欧美等主要电子产品消费市场的立法管制壁垒。为此，中国台湾有关部门于1997 年通过了废弃物清除的有关规定，开始关注废弃电器电子产品的处置及利用工作。经过近 20 年的探索，目前中国台湾地区已处置的废弃电器电子产品名录包括电视、冰箱、空调、洗衣机、计算机、打印复印机、荧光灯、平板电脑等多种品种，并形成了较为完

---

① B. K. Fishbein, J. Ehrenfeld, J. E. Young. Extended producer responsibility: A materials policy for the 21st century [J]. *Circulation*, 2000 (104): 1 – 9.

② 王兆华、尹建华：《基于生产者责任延伸制度的中国电子废弃物管理研究》，载《北京理工大学学报（社会科学版）》2006 年第 4 期。

③ 吕静：《生产者延伸责任及国外相关立法综述》，载《中国发展》2007 年第 1 期。

善的废弃电器电子产品管理制度，由有关部门成立回收处理基金管理委员会，并由委员会行使基金的日常运行管理职能。环保署公开评选出"公正稽核认证团体"对回收处理企业处理量进行稽核认证，同时环保署对该团体具有监督管理责任。

在回收体系的构建方面，中国台湾地区目前已形成了以近3万家的家电经销商回收系统为主，乡镇清洁队、旧货商、消费者及其他回收系统为辅的操作模式。其中，经销商在其服务区域内通过新产品销售、售后服务等渠道，收集废弃家电产品。废弃电器电子产品回收利用专项基金的收发工作由设在环保署的基金管理委员会负责。该专项基金采取不可见收费方式，由该委员会向在中国台湾市场销售产品的生产商或进口商收取回收处理费，再通过生产者/进口商自行提升产品价格的方式转嫁给消费者。基金的补贴方由取得补贴机构资格认可的回收企业及处理企业组成。中国台湾地区高度重视生态设计与生产者责任延伸制度的结合，对于达到绿色产品标准的企业给予30%的基金数额减免，极大地推动了产品生态设计发展。诺罗姆和奥西班乔（2008）回顾了中国台湾在回收废旧电脑方面由初步推行到逐渐成熟的实践过程[①]，但赫迪亚纳、普拉蒂克多和福阿德（Herdiana，Pratikto and Fuad，2014）在对比实践成效时却指出台湾地区在包装物、电子产品的回收方面还有待加强[②]。

综合分析可以发现，世界各国和地区的生产者责任延伸制度具有以下共性：

第一，各发达国家和地区生产者责任延伸制度的实施都是以完善相关法律法规作为基础。日本在《循环利用法》的框架下，针对

---

① I. C. Nnorom，O. Osibanjo. Overview of electronic waste（e-waste）management practices and legislations，and their poor applications in the developing countries［J］. *Resources Conservation and Recycling*，2008，52（6）：843 – 858.

② Herdiana. D. S.，Pratikto. Sudjito，S.，Fuad. A. Policy of extended producer responsibility（case study）［J］. *International Food Research Journal*，2014.

不同的产品分别出台了具体法规，从而保障了制度的推行和顺利实施。欧盟在 WEEE 指令的框架下，要求各成员国实现指令的内部化，变为国内法规，以实现指令确定的目标。中国台湾地区也是在废弃物清除的有关规定的基本框架下，实现了废弃电器电子产品生产者责任延伸制度的逐步推行。

第二，普遍采用市场化的运作方式。从发达国家和地区 EPR 制度实践看，无论是采用基金制、押金返还制度还是实行目标管理制，EPR 制度得以有效实施的一个基本经验是普遍采用第三方组织管理的方式，实行市场化运作。日本专门成立了家电再生利用券管理中心（RKC），负责处理费的征收、发行回收券、发放补助资金、协调各利益相关者，实现资金的市场化运作。美国在铅酸蓄电池 EPR 制度推行过程中，成立了美国国际电池委员会（BCI）。BCI 作为一个非营利性贸易协会，内部成员由美国铅蓄电池制造商、分销商、零售商、回收商等多种利益相关者组成，责任分摊机制更加公开透明。中国台湾是由有关部门成立回收处理基金管理委员会，并由委员会行使基金的日常运行管理职能。

第三，实行相关主体责任分担机制。EPR 制度是以生产者承担延伸责任为核心的一项全生命周期环境管理制度，但是产品生命周期涉及生产者、销售者、消费者、最终处置者等多个主体，需要相关主体共同参与才能实现生产者的责任延伸，尤其是废弃物的最终处置，仅依靠生产者是难以实现的。日本采取的是生产者责任为主，生产者、消费者责任合理分担的机制安排，欧盟、美国、中国台湾地区在推行 EPR 制度时也都强调销售商、消费者、最终处置者的责任义务，构建相关主体广泛参与的制度体系，保障了制度的顺利推行。

对比国内外 EPR 制度的实践经验，可以发现中国目前 EPR 制度的实施情况与发达国家相比还是有很大差异的。整体来看，EPR 制度的普遍推行是从 20 世纪 90 年代开始的，这一时期欧美、日本等早已成为发达国家。而中国仍属于发展中国家，与发达国家在社会文化、市场化程度、制度体系、废弃物处理等方面存在很大差异，具体表现如下：

第一，废弃物属性差异。废弃物具有资源性和环境性双重属性，如能对废弃物进行合理处理利用能够获得一定的再生资源，如处理不好则会给环境带来一定的污染。在不同发展水平的国家和同一国家的不同发展阶段，废弃物呈现出资源性占主导或者环境性占主导的不同属性差异。在日本、欧洲、美国等发达国家和地区，由于劳动力等成本高，废弃物处置收益相对低，废弃物是按照固体废物管理的，废弃物处置的首要目的是确保安全环保的处置，相对资源性而言其环境性占主导地位。因此，消费者在处置弃产品时需要无偿交给专门的回收处理企业或组织，并履行科学分类等义务，并且禁止随意丢弃。而目前在中国，废弃电器电子产品、报废汽车、废旧铅酸电池等多数废弃物仍是有价商品，其资源性仍占主导。废塑料袋、纸袋、废玻璃等低值废弃物正处于由资源性占主导向环境性占主导过度的阶段。因此，在中国，消费者处置废弃物时大都按照一定的市场价格进行销售，市场自发地形成了一个从事废弃物回收、运输、处理、再生利用等的庞大产业，这些回收者和处理者以获得经济价值为主要目标。最终市场表现就是，中国废弃物回收处理者在收集时要付给消费者购买费用，更为重要的是消费者会根据利益最大化原则，在正规回收利用企业和非正规回收者之间进行比价，将废弃物出售给出价高者。因此，在中国废弃物回收是市场竞争性购买行为，价高者得。

第二，回收处理准入差异。目前，国际上对环保领域普遍施行的是较为严格的准入管理制度，以纠正环保领域市场失灵的问题。正如上文所述在发达国家和中国，废弃物的属性存在本质差异，导致发达国家和中国的废弃物回收处理准入管理政策存在根本差异。在日本、美国等发达国家，从事废弃物收集、处置都施行严格的资质管理制度。2002 年以前，中国废品回收行业延续的是计划经济管理体制，实行严格的准入管理制度，基本是由供销社物回公司进行垄断经营。2002 年以后，废品回收行业放开准入管理。目前，中国废弃物回收处理行业基本按照市场竞争性行业进行管理。在废弃物回收环节，基本实行社会化回收，导致目前中国废弃物回收仍以个体回收、流动回收为主，规范化、组织化程度低；在废弃物处置环节，目前对废弃电器电子产品处理企业、铅酸蓄电池等危险废物处理企业实行了资质管理制度，在其他品种上还没有建立起准入管理制度。正是由于没有严格的资质管理制度，中国废弃物处理领域存在着正规回收处理体系和非正规回收处理体系二元利用体系并存的现象。

第三，市场化运行程度差异。目前，中国与发达国家在市场体系建设方面还有很大的差距。由于发达国家市场体系建设较为完善，政府在推行 EPR 制度时主要任务是制定完善相关法律、法规，并加强执法监管。在相关法律法规框架下，基于市场化运作企业协会等第三方组织在 EPR 制度的推行过程中发挥主导作用。而中国市场体系建设还不完善，行业协会等第三方组织的政府背景较浓，还是以管理性业务为主，服务性业务较少。另外，中国信用体系建设较为滞后，行业协会等第三方组织很难获得企业和社会公众的普遍认可。目前，中国在电器电子领域推行 EPR 制度时采取的是以政府为主导的运行管理方式。政府部门负责基金征收补贴标准的制定，企业处理量的核定，基金处理补贴的发放，导致出现了补贴标准调整周期长、适应性差，处理量核定难、成本高，补贴发放周期长等一系列问题。没有建立起生产企业、处理企业、第三方组织广泛参与、相互监督制衡的市场化处理机制，基金运行效率低。

第四，环保责任意识差异。目前，中国与发达国家的企业和公民在自觉履行环保责任的意识上还存在很大差距。发达国家在推行 EPR 制度时企业和公众阻力较小，且自觉履行效果较好，政府监管难度小。而中国正处于企业和居民环境意识逐步建立，但自觉履行环境责任的意识还不强的阶段，在推行 EPR 制度时难免遇到企业和社会公众的阻力，推行过程中企业逃避责任的现象不可避免，这就给政府监管带来较大压力，需要加强执法监管。

## 三、小结

随着经济社会的不断发展，资源消耗和环境污染问题日益凸显，这使得人们在追求经济效率的同时不得不将注意力转向生态文明建设，其中一个重点任务便是对于废弃物的处置问题，EPR 制度就是在这样的背景下诞生的。本节从生产者责任延伸制度的理论和实践两大层面对 EPR 制度进行了综述。

首先在理论层面，对 EPR 制度的概念界定、理论依据与制度内容进行了详细叙述。对于 EPR 制度的概念界定是一个不断演进的过程，自 1992 年林赫斯特第一次在报告中正式提出这一概念后，受到了各国政府和机构的广泛关注，包括欧盟、OECD 组织、美国等在内的众多机构和政府组织都对这一概念进行了深入探讨与延伸发展。相关的理论依据主要包括外部性内部化理论、环境权理论和循环经济理论，不同理论从不同维度提出目前环境和资源面临的难题，而 EPR 制度正是依据这些理论给出了相应的解决方案。为给出具体可行的解决方案，各国学者和研究机构从不同维度，对 EPR 制度的责任主体、责任内容、实施对象、回收模式、付费方式、激励机制和制度评估等进行了研究，成果颇丰，在实践中也是硕果累累。

以日本、欧盟国家、美国为首的发达国家和中国的台湾地区，以立法为主综合运用行政型工具、经济型工具和信息工具推动 EPR 制度从理论到具体实践，在废弃物回收领域取得了很大进展，为全世界的环境保护和资源节约做出了突出贡献，也为发展中国家提供了可资借鉴的经验依据。目前，中国的 EPR 实践情况还较为落后，在废旧产品属性的界定、回收准入系统的设置、市场化运行程度和公民环保意识等方面都有待加强，尤其是在中国面临着突出的正规回收与非正规回收体系并存的局面下，少有学者对中国这种二元体系的成因及解决对策做过较为详尽的探讨。鉴于此，本书将在研究中国废弃物二元体系成因的基础之上，从中寻找激励生产者实施EPR 制度的框架方案，为推进中国 EPR 制度建设提供借鉴。

# 第二章 废弃物

生产者责任延伸制度是针对废弃物处置的一项环境管理制度。为了充分了解生产者责任延伸制度的管理对象，我们用第二、第三两章对废弃物的概念、属性、经济价值和主要管理制度进行系统分析。旨在让大家清晰地认识到生产者责任延伸制度只是废弃物环境管理制度中的一种制度安排，为我们后面章节分析生产者责任延伸制度的适用范围、条件、作用机制等奠定基础。

本章主要对废弃物的概念和特点进行系统阐述，对常用的与废弃物密切相关的几个概念进行界定，对国内外废弃物的分类进行梳理。在此基础上，对废弃物资源性、污染性双重属性进行分析，并由此引出废弃物经济价值的概念，基于经济价值分析对废弃物经济价值的判定和演变规律进行重点分析。

## 第一节 废弃物概念与分类

废弃物在不同的国家和地区，为了适应管理的需要，其概念界定、分类标准等存在很大差异，需要对各国的分类进行系统梳理。

## 一、废弃物的概念

废弃物伴随人类生产生活广泛存在于社会各个角落、生产生活的各个环节，形态各异、种类繁多，可以说有多少种产品就有多少种废弃物，因此各种文献中对废弃物的定义也不尽相同。

《现代汉语大词典》中将废弃物定义为：有缺陷或低劣的产品或商品、废旧物品。

《简明牛津字典》中将废弃物（waste）定义为：没有用途或价值、无用的剩余物。

《日中英废弃物用语辞典》中将废弃物定义为：垃圾、大型垃圾、燃烧残渣、污泥、粪便、废油、废酸、废碱、动物尸体以及其他污染物或者不要的物质，固体状态或液体状态的物质（除去放射性废弃物及被其污染的物质）。

《环境科学大辞典》中提出了固体废物的概念，将固体废物解释为：人类在生产过程中或社会生活活动中产生的，不再需要或没有利用价值而被遗弃的固体或半固体物质，是一个相对的概念，往往一个过程中产生的固体废物，可以成为另一个过程的原料或转化为另一种产品，故又称之为固体遗弃物。

除此之外，不同国家和国际组织对废弃物也有不同的诠释。

欧盟从处置角度将废弃物定义为：一切持有者抛弃、打算抛弃或要求抛弃的各类物体。

经济合作与发展组织（OECD）从需求角度将废弃物界定为：目前或未来一段时间内不会产生经济需求且需要经过必要的处理或处置的物品。

联合国环境署（UNEP）从使用角度将废弃物定义为：持有者不愿再继续持有、需要或使用，且需要经过必要处理或处置的物质。

日本从来源角度将废弃物界定为：垃圾、粗大垃圾、燃烧残渣、污泥、废油、粪尿及其他污物以及从排除后的实际情况看，能客观上确认为不要的所有固态和液态物质（不包括气态物质和放射性物质）[1]。

《中华人民共和国固体废物污染环境防治法》中，将固体废弃物分为工业固体废物、生活垃圾和危险废物三大类，并将固体废物定义为：在生产、生活和其他活动中产生的丧失原有利用价值或者虽未丧失利用价值但被抛弃或者放弃的固态、半固态和置于容器中的气态的物品、物质以及法律、行政法规规定纳入固体废物管理的物品、物质。

综合上述概念不难看出，尽管各种文献和各国、国际组织对废弃物的定义不尽相同，但对废弃物的界定基本都符合以下两个条件：（1）丧失（或部分丧失）原有使用价值、未达到设计使用价值或所有者不再需要的各种物品，是一种"废"物；（2）需要经过进一步处理处置的物品，是一种"弃"物。

因此，本书中的废弃物是指人类一切活动过程产生的，对所有者已不再具有使用价值而被废弃的物品的统称。


## 二、废弃物与再生资源


在中国，不同社会时期对废弃物的称呼也几经变化，废品、废旧物资、废弃商品、废弃物、固体废物等。尽管仔细推敲这些概念有一定差异，但在实际社会生产生活中基本通用，而且对我们接下来的研究不会产生影响，因此我们在这里不再对这些概念进行梳理

---

① 李国刚：《日本废弃物的管理制度与研究现状——Ⅱ. 日本废弃物的法律法规与管理体系》，载《中国环境监测》1998 年第 2 期。

和界定，仅对废弃物、废弃商品、再生资源、再生资源回收利用几个概念和它们之间的关系做一个简单的梳理，这将有助于我们更好地理解第三章提出的生产者责任延伸制度的适用范围。

废弃商品是在社会生产和生活消费过程中产生的，已经丧失原有全部或部分使用价值，但经过一定的加工处理利用，能够使其重新具备一定的使用价值的各种废弃物①。

再生资源通过对废弃商品进行回收、分解、加工等生产活动产生的可以再次用于产品生产的各种原材料和零部件。

这里将经加工处理过的零部件也纳入再生资源的范围，实践中主要是指再制造产品，但不包括二手商品。

再生资源回收利用对废弃商品进行回收、加工、处理等，将废弃商品转化为再生资源的一系列经济活动的总称。

从上述三个概念我们不难看出，废弃商品是再生资源的来源，也是再生资源回收利用的活动对象，再生资源回收利用是对废弃商品进行回收和处置利用的一系列经济活动，再生资源是再生资源回收利用行为的产物（见图 2 - 1）。

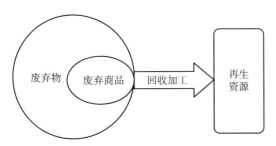

图 2 - 1 废弃物、废弃商品、再生资源的关系

---

① 商务部、发展改革委、国土资源部、住房城乡建设部、供销合作总社：《再生资源回收体系建设中长期规划（2015～2020 年）》，2015 年，http://ltfzs. mofcom. gov. cn/article/ae/201501/20150100878083. shtml。

## 三、废弃物的分类

随着经济社会的不断发展，物质极大丰富，导致生产生活中所产生的固体废弃物在种类和数量方面均呈现出日益增长的态势。因此，建立科学合理的废弃物分类体系，是对废弃物实施有效管理的基础和前提。

在实践中，不同的国家由于政策管理的需要，对废弃物的分类也各具特点。接下来我们将了解几个典型国家废弃物分类与管理特点[①]。

### （一）日本废弃物分类标准

日本的废弃物分类是根据《废弃物处理法》确定的。日本按照废弃物处理责任者的不同，将废弃物划分为由市、町、村负责的一般废弃物和由专业排放企业负责的产业废弃物，如表2-1所示。

一般废弃物可以分为进行资源回收的容器包装，进行资源回收的废纸类和布类等资源垃圾（含由团体回收的部分），进行资源回收的厨余垃圾和废食用油等物质，可燃垃圾（含废塑料类），不可燃垃圾，其他用于专门用途的分类垃圾和粗大垃圾这七大类。日本政府要求市、町、村依据自身的分类收集水平选择第1、2或3类分类水平进行废弃物回收管理。此外，一般废弃物中还设有专门的特别管理一般废弃物，对具有爆炸性、毒性、感染性以及其他可能危害人体健康或者生活环境性状的废弃物进行特别管理。

产业废弃物伴随企业的业务活动产生，是开展生产性活动时产

---

① 资料来源：张继月：《中国固体废物分类管理研究》，北京化工大学出版社2009年版。

生的废弃物，包括国内企业生产活动中产生的废弃物以及进口的废弃物，在日本共有 20 种产业废弃物。此外，产业废弃物中同样单独设有特别管理产业废弃物，用以对具有爆炸性、毒性、感染性以及其他可能危害人体健康或者生活环境性状的废弃物进行特别管理。

日本根据废弃物管理需要，首先将废弃物分为居民生活产生的一般废弃物和企业生产过程中产生的产业废弃物。对生活过程中产生的一般废弃物，日本又按照分类水平分成了 3 类，各地可根据各自地区生活垃圾分类水平选择参照一类分类标准进行分类管理，充分考虑到了地方的差异性，给地方更多的自主权。对产业废弃物则进行了统一的类别划分，要求所有企业必须参照进行管理。此外，在一般废弃物和产业废弃物管理中，日本都规定了特别管理的废弃物，对一些影响人体健康、对环境有较大危害等废弃物进行特殊管理，充分考虑到了废弃物的环境危害差异。

表 2 – 1　　　　　　　　　　　日本废弃物分类标准

| 一层标准 | 二层标准 | 类别 | 内容 | | |
|---|---|---|---|---|---|
| 一般废弃物（非产业废弃物） | 一般废弃物 | 第1类 | ①进行资源回收的容器包装 | ①—1 铝罐、铁罐 | 在排放源上即按照材料分类，或者进行部分或全部混合收集，收集后再进行甄别 |
| | | | | ①—2 玻璃瓶 | |
| | | | | ①—3 塑料瓶 | |
| | | | ②进行资源回收的废纸类、布类等资源垃圾（含由团体回收的部分） | | |
| | | | ③进行资源回收的厨余垃圾、废食用油等物质 | | |
| | | | ④可燃垃圾（含废塑料类） | | |
| | | | ⑤不可燃垃圾 | | |
| | | | ⑥其他用于专门用途处理的分类垃圾 | | |
| | | | ⑦粗大垃圾 | | |

续表

| 一层标准 | 二层标准 | 类别 | 内容 | | |
|---|---|---|---|---|---|
| 一般废弃物（非产业废弃物） | 一般废弃物 | 第2类 | ①进行资源回收的容器包装 | ①—1 铝罐、铁罐 | 在排放源上即按照材料分类，或者进行部分或全部混合收集，收集后再进行甄别（不过，为了比容易实现再生利用，需要留意混合收集物品组合） |
| | | | | ①—2 玻璃瓶 | |
| | | | | ①—3 塑料瓶 | |
| | | | | ①—4 塑料类容器包装 | |
| | | | | ①—5 纸制容器包装 | |
| | | | ②进行资源回收的废纸类、布类等资源垃圾（含由团体回收的部分） | | |
| | | | ③进行资源回收的厨余垃圾、废食用油等物质 | | |
| | | | ④可燃垃圾（含废塑料类） | | |
| | | | ⑤不可燃垃圾 | | |
| | | | ⑥其他用于专门用途处理的分类垃圾 | | |
| | | | ⑦粗大垃圾 | | |
| | | 第3类 | ①进行资源回收的容器包装 | ①—1 铝罐、铁罐 | 在排放源上即按照材料分类，或者进行部分或全部混合收集，收集后再进行甄别（不过，为了比容易实现再生利用，需要留意混合收集物品组合） |
| | | | | ①—2 玻璃瓶 | |
| | | | | ①—3 塑料瓶 | |
| | | | | ①—4 塑料类容器包装 | |
| | | | | ①—5 纸制容器包装 | |
| | | | ②进行资源回收的废纸类、布类等资源垃圾（含由团体回收的部分） | | |
| | | | ③进行资源回收的厨余垃圾、废食用油等物质 | | |
| | | | ④可燃垃圾（含废塑料类） | | |
| | | | ⑤不可燃垃圾 | | |
| | | | ⑥其他用于专门用途处理的分类垃圾 | | |
| | | | ⑦粗大垃圾 | | |

| 一层标准 | 二层标准 | 类别 | 内容 |
|---|---|---|---|
| 一般废弃物（非产业废弃物） | 特别管理一般废弃物分类 | 1. 含有多氯联苯（PCB）的零部件 | 伴随国内日常生活而产生的废空调机、废电视机、废微波炉 |
| | | 2. 粉尘 | 日处理能力在吨以上焚烧设施则是每小时处理能力在千克以上或炉算子面积在平方米以上的垃圾处理设施 |
| | | 3. 粉尘的处理物 | 处置前项所列废弃物而产生的处理物 |
| | | 4. 含有二噁英类的粉尘或燃烧残渣 | 《二噁英类防治特别措施法实施令》附表一第五项所列的设施 |
| | | 5. 含有二噁英类的粉尘或燃烧残渣的处理物 | 处置前项所列废弃物而产生的处理物 |
| | | 6. 含有二噁英类的污泥 | 拥有《二噁英类防治特别措施法实施令》附表二第十五项所列设施的工厂或经营场所 |
| | | 7. 含有二噁英类的污泥的处理物 | 处置前项所列废弃物而产生的处理物 |
| | | 8. 感染性一般废弃物 | （1）医院；<br>（2）诊所；<br>（3）《关于临床检查技师等的法律》（1958 年法律第 76 号）第二十条之三第一款中规定的卫生检查站；<br>（4）《护理保险法》（1997 年法律第 123 号）第八条第二十五款中规定的老人护理保健设施；<br>（5）除（1）至（4）所列设施之外，存在使人感染或可能会感染的病原体（以下本款称感染性病原体）的设施中，环境省令规定的设施 |

续表

| 一层标准 | 二层标准 | 类别 | 内容 |
|---|---|---|---|
| 产业废弃物 | 所有业务活动中产生的废物 | 1. 燃烧灰渣 | 煤渣、焚烧炉的灰渣、锅炉灰渣、其他焚烧渣 |
| | | 2. 污泥 | 废水处理后及各种制造业生产工序排放的泥状物、活性污泥法产生的剩余污泥、楼房地下排水槽污、电石渣、膨润土污泥、洗车厂的污泥等 |
| | | 3. 废油 | 矿物油、动植物油、润滑油、绝缘油、精制油、切削油、溶剂、焦油、沥青脂等 |
| | | 4. 废酸 | 废定影液、废硫酸、废盐酸、各种有机废酸等所有酸性废液 |
| | | 5. 废碱 | 废显影液、废苏打液、金属皂液等所有碱性废液 |
| | | 6. 废塑料类 | 合成树脂废料、合成纤维废料、合成橡胶废料包括废轮胎等固体状、液体状的所有合成高分子系列化合物 |
| | | 7. 橡胶废料 | 天然橡胶废料 |
| | | 8. 金属废料 | 钢铁、有色金属的研磨废料、切削废料等 |
| | | 9. 废玻璃、废混凝土、废陶瓷 | 玻璃平板玻璃等、耐火砖废料、石膏板、废混凝土新建、改建、拆除建筑物产生的除外等 |
| | | 10. 矿渣 | 铸件废砂、电炉等溶解炉废料、煤矸石、劣质煤、粉煤潭等 |
| | | 11. 瓦砾 | 新建、改建、拆除建筑物产生的混凝土块，碎砖头之类的废物 |
| | | 12. 烟尘 | 大气污染防治法规定的烟气设施、二噁英对策特别措施法规定的特定设施或产业废物焚烧设施产生的烟尘中由除尘设备收集的烟尘 |

续表

| 一层标准 | 二层标准 | 类别 | 内容 |
|---|---|---|---|
| 产业废弃物 | 特定业务活动中产生的废物 | 13. 纸屑 | 与建筑业有关的（新建、改建、拆除建筑物产生的）纸屑、纸浆制造业、造纸业、纸加工品制造业、报刊业、出版业、装订业、印刷品加工业产生的纸屑木屑 |
| | | 14. 木屑 | 与建筑业有关的范围同纸屑木屑、木材或木制品制造业家具制造业、纸浆制造业、进口木材批发业产生的木材片、锯屑、树皮类等特定业务活动中 |
| | | 15. 纤维废料 | 与建筑业有关的（范围同纸屑）纤维废料、衣服及其他纺织品制造业以外的纤维工业产生的棉花屑、羊毛屑等天然纤维废料 |
| | | 16. 动植物性残渣 | 食品、药品、香料制造业产生的糖渣等废料、海藻渣、酒糟、发酵废料、鱼及畜类骨头等 |
| | | 17. 动物类固体废物 | 屠宰场废弃的动物碎渣、家禽处理场废弃的家禽碎渣 |
| | | 18. 动物粪便 | 畜牧业排放的牛、马、鸡等的粪便 |
| | | 19. 动物尸体 | 畜牧业排放的牛、马、鸡等的尸体 |
| | 其他 | 20. 为处置以上种类产业废弃物而产生的，不属于上述产业废弃物的处理物 | |
| | 特别管理产业废弃物 | 1. 废油 | 挥发油类、煤油类、气油类具有阻燃性的沥青类等除外 |
| | | 2. 废酸 | pH 为 2.0 以下的废酸 |
| | | 3. 废碱 | pH 为 12.5 以下的废碱 |
| | | 4. 感染性产业废物 | 感染性废弃物中，属于污泥、废油、废酸、废碱、废塑料类、废橡胶、废金属、废玻璃、废水泥混凝土、废陶瓷的废弃物 |
| | | 5. 特定有害产业废物 | 废多氯联苯，多氯联苯污染物，多氯联苯处理物，指定下水污泥、矿渣，废石棉等，粉尘或燃烧残渣，含有机溶剂的废油，污泥、废酸或废碱 |

## （二）欧盟的废弃物分类标准

欧盟依据《欧洲废物目录》（*European Waste Catalogue*）和《危险废物名单》（*Hazardous Waste List*）制定了《欧洲废物名单》，按照生产源和废物种类相结合的方法将固体废物分为 20 大类，对每一项废物建立了唯一的代码信息，并采用"＊"对危险废弃物加以标记，简单明了，可操作性强。20 大类的具体划分如表 2 - 2 所示。

表 2 - 2　　　　　　　　　欧盟废弃物分类标准

| 编号 | 名称 |
|---|---|
| 1 | 勘探、采矿、采石和矿物物理化学加工产生的废物 |
| 2 | 农业、园艺、水产业、林业、狩猎和渔业、食品制备和加工产生的废物 |
| 3 | 木材加工，木板、家具、纸浆、纸张和纸板生产产生的废物 |
| 4 | 皮革、皮草和纺织行业产生的废物 |
| 5 | 石油精炼、天然气净化和煤炭热解处理产生的废物 |
| 6 | 无机化学加工产生的废物 |
| 7 | 有机化学制品加工产生的废物 |
| 8 | 生产、配制、供给和使用涂料（油漆、清漆和塘瓷釉）、粘剂、密封剂和油墨所产生的废物 |
| 9 | 摄影行业产生的废物 |
| 10 | 无机热处理产生的废物 |
| 11 | 金属和其他材料表面化学处理和涂层、有色金属湿法冶炼工艺所产生的废物 |
| 12 | 金属、塑料的定型和物理机械表面处理产生的废物 |
| 13 | 废油和液态燃料废物（食用油和 05、12、19 中提到的除外） |
| 14 | 废弃有机溶剂、制冷剂和喷雾剂（07 和 08 中提到的除外） |
| 15 | 废弃包装物、吸收剂、抹布、过滤材料和无特殊说明的防护服 |
| 16 | 名录中无特殊说明的废物 |

| 编号 | 名称 |
|------|------|
| 17 | 建筑和拆迁产生的废物（包括挖掘的受污染的土壤） |
| 18 | 人类或动物卫生保健和/或相关研究产生的废物（不包括厨房和餐饮垃圾等非直接医疗活动产生的废物） |
| 19 | 废物管理设施、非现场废水处理厂和居民饮用水及工业用水制备产生的废物 |
| 20 | 生活垃圾（生活垃圾和商业、工业和机关产生的废物），包括单独收集的小部分垃圾 |

欧盟的废弃物分类标准相对简单，便于废弃物排放者进行分类操作。其中，对企业生产过程中产生的废弃物分类较细，对生活垃圾简单分为一类，不利于对生活垃圾的回收利用和合理处置。

### （三）美国的废弃物分类标准

美国根据《资源保护和再生法》（*Resource Conservation and Recovery Act*）和《资源保护和再生法条例》（*Resource Conservation and Recovery Regulations*）构建了固体废弃物分类管理的三大方案，即一般固体废物管理方案、危险废物管理方案和地下储存罐管理方案，具体如表2-3所示。

一般固体废弃物包括非危险废物以及经排除和豁免的危险废物，非危险废物包括市政固体废物以及工业、商业、矿业和农业产生的固体废弃物；而经过排除和豁免的危险废弃物可以不按照危险废物进行管理，而是和市政固体废物一起经混合焚烧和填埋处置。

危险废物可分为特性危险废物和列表危险废物，特性危险废物利用危险废物鉴别标准进行测定，确定废弃物的易燃性、反应性、腐蚀性和毒性；列表危险废弃物则是指被列入危险废物名录的废弃物品。

地下储存罐管理方案则对存放危险物质和石油产品的地下储存罐提出了相应的管理要求。

表 2 - 3                                   美国废弃物分类标准

| 一级分类 | 二级分类 | 内容 |
|---|---|---|
| 一般固体废物 | 市政固体废物 | 持久性废物，如电器、轮胎、电池等 |
| | | 非持久性废物，如报纸、书籍、杂志等 |
| | | 废包装容器 |
| | | 食品废物 |
| | | 园艺修剪废物 |
| | | 产生于居民、商业和工业非工艺过程的各种有机废物 |
| | 工业非危险废物 | 家庭产生的危险废物 |
| | | 农业废物 |
| | | 矿山剥离废弃物 |
| | | 化石燃料燃烧废物、采矿废物、水泥窑除尘废物等 |
| | | 油气和地热勘探、开发和生产废物 |
| | | 三价铬废物 |
| | | 砷处理木材 |
| | | 地下贮存罐的石油污染介质 |
| | | 废弃的 CFCs 冰箱 |
| | | 废油过滤器 |
| | | 废油蒸馏底泥 |
| | | 填埋场渗滤液和填埋气体 |
| | | IBM 的 XL 项目铜合金生产废物 |
| | 商业非危险废物 | — |
| | 矿业产生的固体废弃物 | — |
| | 农业产生的固体废弃物 | — |

续表

| 一级分类 | 二级分类 | 内容 |
|---|---|---|
| 危险废物 | 特性危险废物 | 利用危险废物鉴别标准进行测定，确定废弃物的易燃性、反应性、腐蚀性和毒性 |
| | 列表危险废物 | 列表危险废弃物是指被列入危险废物名录的废弃物品 |
| 地下储存罐管理方案 | | 对存放危险物质和石油产品的地下储存罐进行分类管理 |

美国的废弃物分类标准也是采取三级分类方式，结合了日本和欧盟的废弃物分类优点，首先将废弃物分为一般固体废物、危险废物和地下储存罐管理，在此基础上将一般固体废物按行业分为市政、工业、商业、矿业和农业五大类，将危险废物分为特性危险废物和列表危险废物。值得注意的是美国的分类标准中，将家庭产生的危险废物作为工业非危险废物，由专门的企业对家庭产生的危险废物进行专业处置。另外，美国还设置了特性危险废物一个类别，利用危险废物鉴别标准进行测定，确定废弃物的易燃性、反应性、腐蚀性和毒性，这样就可以对新出现的未及时纳入列表的危险废物进行识别和管理。

## （四）中国的废弃物分类标准

中国固体废弃物分类的主要依据是 2016 年修订的《中华人民共和国固体废物污染环境防治法》，按照该法律，固体废物是指在生产、生活和其他活动中产生的丧失原有利用价值或者虽未丧失利用价值但被抛弃或者放弃的固态、半固态和置于容器中的气态的物品、物质以及法律、行政法规规定纳入固体废弃物管理的物品、物质。固体废弃物主要分为工业固体废物、生活垃圾和危险废物三大类。

工业固体废物指在工业生产活动中产生的丧失原有利用价值或

者虽未丧失利用价值但被抛弃或者放弃的固态、半固态和置于容器中的气态的物品、物质以及法律、行政法规规定纳入固体废物管理的物品、物质。根据工业和信息化部于 2018 年 5 月发布的《国家工业固体废物资源综合利用产品目录》，其中涵盖的工业固体废物主要包括煤矸石、尾矿、冶炼渣、粉煤灰、炉渣和部分其他固体废物六类，暂不包括危险废物，如表 2 - 4 所示。

表 2 - 4　　　　　　　中国工业固体废弃物分类标准

| 编号 | 废物类别 | 编号 | 废物类别 | 编号 | 废物类别 |
|------|----------|------|----------|------|----------|
| 1 ~ 47 | 危险废物 | 58 | 动物残渣 | 75 | 煤矸石 |
| 48 | 含氮有机废物 | 59 | 粮食及食品加工废物 | 76 | 尾矿 |
| 49 | 含硫有机废物 | 60 | 皮革废物 | 81 | 冶炼废物 |
| 51 | 含钙废物 | 61 | 废塑料 | 82 | 有色金属废物 |
| 52 | 硼泥 | 62 | 废橡胶 | 83 | 矿物型废物 |
| 53 | 赤泥 | 63 | 中药残渣 | 84 | 工业粉尘 |
| 54 | 盐泥 | 71 | 粉煤灰 | 85 | 黑色金属废物 |
| 55 | 金属氧化物废物 | 72 | 锅炉渣 | 86 | 工业垃圾 |
| 56 | 无机废物污泥 | 73 | 高炉渣 | 99 | 其他废物 |
| 57 | 有机废水污泥 | 74 | 钢渣 | | |

　　生活垃圾指在日常生活中或者为日常生活提供服务的活动中产生的固体废物以及法律、行政法规规定视为生活垃圾的固体废物。按照住房和城乡建设部制定的《城市生活垃圾分类及其评价标准》，城市生活垃圾可分为可回收物、大件垃圾、可堆肥垃圾、可燃垃圾、有害垃圾和其他垃圾六大类，如表 2 - 5 所示。2017 年 3 月国务院办公厅转发了住房与城乡建设部与发展改革委联合制定的《生活垃圾分类制度实施方案》，明确将有害垃圾、易腐垃圾和可回收物作为生活垃圾的强制分类。

表 2 - 5　　　　　　　　　中国生活垃圾分类标准

| 分类 | 分类类别 | 内容 |
|------|---------|------|
| 一 | 可回收物 | 包括下列适宜回收循环使用和资源利用的废物：<br>（1）纸类——未严重污染的文字用纸、包装用纸和其他纸制品等；<br>（2）塑料——废容器塑料、包装塑料等塑料制品；<br>（3）金属——各种类别的废金属物品；<br>（4）玻璃——有色和无色废玻璃制品；<br>（5）织物——旧纺织衣物和纺织制品 |
| 二 | 大件垃圾 | 体积较大、整体性强，需要拆分再处理的废弃物品包括废家用电器和家具等 |
| 三 | 可堆肥垃圾 | 垃圾中适宜于利用微生物发酵处理并制成肥料的物质，包括剩余饭菜等易腐食物类厨余垃圾，树枝花草等可堆沤植物类垃圾等 |
| 四 | 可燃垃圾 | 可以燃烧的垃圾包括植物类垃圾，不适宜回收的废纸类、废塑料橡胶、旧织物用品、废木等 |
| 五 | 有害垃圾 | 垃圾中对人体健康或自然环境造成直接或潜在危害的物质，包括废日用小电子产品、废油漆、废灯管、废日用化学品和过期药品等 |
| 六 | 其他垃圾 | 在垃圾分类中，按要求进行分类以外的所有垃圾 |

　　危险废物指列入国家危险废物名录或者根据国家规定的危险废物鉴别标准和鉴别方法认定的具有危险特性的固体废物。依据环境保护部于 2016 年修订的《国家危险废物名录》，危险废物指具有腐蚀性、毒性、易燃性、反应性或者感染性等一种或者几种危险特性，或不排除具有危险特性，可能对环境或者人体健康造成有害影响，需要按照危险废物进行管理的固体废物（包括液态废物）。2016 年修订后的《国家危险废物名录》将中国的危险废物分为 50 类，如表 2 -6 所示。

表 2 - 6　　　　　　　　　中国危险废物分类标准

| 编号 | 废物类别 | 编号 | 废物类别 | 编号 | 废物类别 |
|------|---------|------|---------|------|---------|
| HW01 | 医疗废物 | HW18 | 焚烧处置残渣 | HW35 | 废碱 |
| HW02 | 医药废物 | HW19 | 含金属羰基化合物废物 | HW36 | 石棉废物 |
| HW03 | 废药物、药品 | HW20 | 含铍废物 | HW37 | 有机磷化合物废物 |
| HW04 | 农药废物 | HW21 | 含铬废物 | HW38 | 有机氰化物废物 |
| HW05 | 木材防腐剂废物 | HW22 | 含铜废物 | HW39 | 含酚废物 |
| HW06 | 废有机溶剂与含有机溶剂废物 | HW23 | 含锌废物 | HW40 | 含醚废物 |
| HW07 | 热处理含氰废物 | HW24 | 含砷废物 | HW45 | 含有机卤化物废物 |
| HW08 | 废矿物油与含矿物油废物 | HW25 | 含硒废物 | HW46 | 含镍废物 |
| HW09 | 油/水、烃/水混合物或乳化液 | HW26 | 含镉废物 | HW47 | 含钡废物 |
| HW10 | 多氯（溴）联苯类废物 | HW27 | 含锑废物 | HW48 | 有色金属冶炼废物 |
| HW11 | 精（蒸）馏残渣 | HW28 | 含碲废物 | HW49 | 其他废物 |
| HW12 | 染料、涂料废物 | HW29 | 含汞废物 | HW50 | 废催化剂 |
| HW13 | 有机树脂类废物 | HW30 | 含铊废物 | | |
| HW14 | 新化学物质废物 | HW31 | 含铅废物 | | |
| HW15 | 爆炸性废物 | HW32 | 无机氟化物废物 | | |
| HW16 | 感光材料废物 | HW33 | 无机氰化物废物 | | |
| HW17 | 表面处理废物 | HW34 | 废酸 | | |

# 四、小结

　　废弃物是人们在生活和生产过程中产生的、丧失或部分丧失原有使用价值的物品的统称，是一个种类繁多、形态各异的庞大体系，因此不同的废弃物需要不同的处置利用技术和制度安排。

尽管各个国家和地区对废弃物的分类标准不尽相同，但都基本按照废弃物的物理形态和危害性进行分类，主要是便于废弃物的管理和最终处置利用。

## 第二节　废弃物的属性

废弃物是产品废弃后的产物，天然具有资源属性，但如果不能进行有效回收和处置利用，又会对环境造成影响，因此具有污染属性。对废弃物的双重属性进行分析有助于我们全面认识废弃物的特征。

### 一、废弃物的资源属性

废弃物具有资源属性，在不同的实践条件下，在不同的实践关系中，废弃物也可以转变成资源。

废弃物来源于物质产品，是经过人类一定的消费后废弃的物品。而产品是人类通过一定的经济活动，利用各种自然资源生产的用于满足人们某种需要的物品，产品本身就具有资源属性，即使到了产品废弃阶段，仍然可以被认为是某种形式的资源载体。在一定的技术经济条件下，可以通过技术手段对废弃物进行回收、拆解和再利用，从而加工成再生原材料，使废弃物重新获得一定的价值和使用价值，成为一种特殊的商品。比如废电视、废冰箱、废洗衣机、报废汽车等，通过回收、拆解、加工可以分解为废金属、废塑料、废玻璃等再生原材料，重新进入工业生产；厨余垃圾可以成为生产沼气和有机肥的原料；废纸、废塑料、废家具等经过回收加工后，可以再次加工成再生纸浆、再生塑料颗粒等再生原材料；粉煤灰可以成为生产建筑材料的原料；即使是生活垃圾，其中的一些热值较高的废弃物也可以作为燃料进行垃圾发电。所以，固体废物具有很强的空间和时间属性，具有相对性，也有"放错位置的资源"之说。

人类两次工业革命极大地提高了社会生产力，同时也加快了对自然资源的开采与掠夺，传统的"资源—产品—废弃物"的线性发展方式面临严峻挑战，可持续发展和循环利用的观念逐渐被广泛接受。"资源—产品—废弃物—再生资源"的循环发展方式得以广泛推行。以中国为例，2017 年，中国共有 214 个大、中城市向社会发布了 2016 年固体废物污染环境防治信息。经统计，此次发布信息的大、中城市一般工业固体废物产生量为 14.8 亿吨，工业危险废物产生量为 3 344.6 万吨，医疗废物产生量约为 72.1 万吨，生活垃圾产生量约为 18 850.5 万吨。其中，一般工业固体废物综合利用量为 8.6 亿吨，处置量 3.8 亿吨，贮存量 5.5 亿吨，倾倒丢弃量 11.7 万吨。一般工业固体废物综合利用量占利用处置总量的 48.0%，处置和贮存分别占比 21.2% 和 30.7%，综合利用是处理一般工业固体废物的主要途径，部分城市也对往年贮存的固体废物进行了有效的利用和处理[1]。

截至 2017 年底，中国废钢铁、废有色金属、废塑料、废轮胎、废纸、废弃电器电子产品、报废汽车、废旧纺织品、废玻璃、废电池十大类别的再生资源回收总量约为 2.82 亿吨，同比增长 11%[2]（见表 2-7）。

---

[1]　资料来源：环保部：《2017 年全国大、中城市固体废物污染环境防治年报》，ht-tp：//websearch. mee. gov. cn/was5/web/search？。

[2]　资料来源：《中国再生资源回收行业发展报告（2018）》，商务部网站。

表 2 – 7　　　　　2016～2017 年中国主要再生资源类别回收利用表

| 序号 | 名称 | 单位 | 2016 年 | 2017 年 | 同比增长（%） |
|---|---|---|---|---|---|
| 1 | 废钢铁① | 万吨 | 15 130 | 17 391 | 14.9 |
| | 大型钢铁企业 | 万吨 | 9 110 | 14 791 | 64.2 |
| | 其他行业 | 万吨 | 6 120 | 2 600 | −57.5 |
| 2 | 废有色金属② | 万吨 | 973 | 1 065 | 13.7 |
| 3 | 废塑料 | 万吨 | 1 878 | 1 693 | −9.9 |
| 4 | 废纸 | 万吨 | 4 963 | 5 285 | 6.5 |
| 5 | 废轮胎 | 万吨 | 504.8 | 507 | 0.4 |
| | 翻新 | 万吨 | 28.8 | 27 | −6.3 |
| | 再利用 | 万吨 | 476 | 480 | 0.8 |
| 6 | 废弃电器电子产品 | | | | |
| | 数量 | 万台 | 16 055 | 16 370 | 2.0 |
| | 重量 | 万吨 | 366 | 373.5 | 2.1 |
| 7 | 报废机动车③ | | | | |
| | 数量 | 万辆 | 179.8 | 174.1 | −3.2 |
| | 重量 | 万吨 | 491.6 | 453.6 | −7.7 |
| 8 | 废旧纺织品 | 万吨 | 270 | 350 | 29.6 |
| 9 | 废玻璃 | 万吨 | 860 | 1 070 | 24.4 |
| 10 | 废电池（铅酸除外） | 万吨 | 12 | 17.6 | 46.7 |
| | 合计（重量） | 万吨 | 25 412.4 | 28 205.7 | 11.0 |

　　注：①自 2014 年起，将中小型钢铁企业回收的废钢铁、铸造和锻造行业使用的废钢铁数量纳入统计范围；②自 2014 年起，将从热镀锌渣、锌灰、烟道灰、瓦斯泥灰中回收的废锌数量纳入统计范围；③报废机动车相关资料来源于商务部全国汽车流通管理信息系统。

## 二、废弃物的污染属性

　　废弃物具有污染属性。如果不对废弃物进行有效处置就会对环境产生污染，废弃物的污染属性伴随废弃物的整个生命周期，只有人为的加以干预，进行有效处理处置，才能降低或避免废弃物对生态环境带来的危害。

由于现代工业产品多是由多种原材料复合加工而成，只有对这些废弃物进行一定拆解、分解和加工才能实现废弃物的再资源化。因此，当技术或经济条件达不到时，对废弃物就无法进行再生利用，此时废弃物就是一种环境污染物，具有天然的环境污染属性。

废弃物的环境污染性主要体现在对水体、大气、土壤三个方面的污染①：对水体的污染主要是城市固体废物随意堆放，随着降水和径流产生的渗滤液中含有的有机污染物、重金属及其他有毒物质进入水体，对水环境造成污染，继而影响水生生物的生长和水资源的利用；对大气的污染主要是堆积的固体废物和垃圾产生的气体污染物，包括甲烷、氨气、二氧化碳以及堆放过程产生的挥发性有机化合物，当这些气体进入大气后，不仅散发恶臭气味，其中的有机物还有可能对人体和生物造成危害；对土壤的污染主要是，固体废物堆放不仅需要占用大量的土地，且经水体浸湿后渗出的有毒物质进入土壤会杀死土壤中的微生物，从而破坏其生态平衡，改变土壤结构和质量，妨碍植物生长，铅等重金属有毒物质也能够通过农作物的富集最终经食物链进入体内而危害人类健康。

随着科技进步和生产力水平的极大提高，人们不断从自然界汲取生产生活原料的同时，也加快了产品更新换代的速度，废弃物的存量呈现指数级增长。如果不对这些废弃物进行专业的拆解利用或进行有效的处理处置，废弃物势必会对生态环境造成污染。根据2014年《全国土壤污染状况调查公报》数据资料②，全国土壤总的点位超标率为16.1%，其中轻微、轻度、中度和重度污染点位比例

---

① 康鑫、张芹：《城市固体废物处理概述》，载《2013 中国环境科学学会学术年会论文集（第五卷）》。

② 环境保护部、国土资源部：《全国土壤污染状况调查公报》（2014 年 4 月 17 日），http：//www.mee.gov.cn/gkml/sthjbgw/qt/201404/t20140417_270670.htm。

分别为 11.2%、2.3%、1.5% 和 1.1%。从污染物超标情况看，镉、汞、砷、铜、铅、铬、锌、镍 8 种无机污染物点位超标率分别为7.0%、1.6%、2.7%、2.1%、1.5%、1.1%、0.9%、4.8%。其中，在调查的 188 处固体废物处理处置场地的 1351 个土壤点位中，超标点位占 21.3%，以无机污染为主，垃圾焚烧和填埋场有机污染严重。

## 三、废弃物属性的时空转换

废弃物的资源属性和污染属性就像矛盾的两个方面，是有机统一、同时存在的。废弃物的属性是一个相对概念，具有鲜明的时间和空间特征，是在一定的技术经济条件下的阶段性特征，在特定的历史阶段和特定的地域范围内呈现出资源性占主导地位或污染属性占主导地位的特征，但随着技术经济条件的变化，资源性和污染性之间是可以相互转化的。

从时间角度看，某种废弃物呈现污染性占主导仅是在目前的科学技术和经济条件下无法加以利用，但随着时间的推移、科学技术的发展，以及社会经济环境的变化，今天的污染物可能成为明天的再生资源。比如，目前中国废荧光灯、干电池、纸基复合包装物等，在现行技术经济条件下，对这些废弃物进行加工处理所获得的再生原料价值难以弥补加工处理成本，大都被当作垃圾做填埋或焚烧处理，仅有小部分企业在尝试进行资源化利用。

从空间角度看，废弃物仅仅是相对于某一生产过程或某一市场主体没有使用价值，而并非在一切过程或一切方面都没有使用价值。一种过程的废物，往往可以成为另一种过程的原料。如燃煤发电或炼钢过程中产生的粉煤灰、冶炼渣等废弃物就可以作为水泥等新型建材的原料。再比如目前中国废电器电子产品、报废汽车、废饮料瓶等都是资源性占主导地位，废旧干电池、废酒瓶、废弃复合包装物、废旧家具等都是污染性占主导地位。但是在美国、日本、欧盟等发达国家由于劳动力等成本较高，废弃塑料瓶加工处理基本无利可图，属于需要处理的污染物，因此对于这些国家或地区来说废弃饮料瓶的污染性占主导地位。

废弃物的资源性和污染性哪个占主导地位也并不是一成不变的，随着技术经济条件的变化，废弃商品的资源性和污染性的主导地位会逐渐发生变化。比如前几年在中国，由于劳动力等成本较低，废弃塑料包装物的加工处理具有良好的经济性，这些废弃塑料包装物的资源性仍占主导地位。但随着近年来劳动力等生产成本的快速上升，塑料包装物的回收利用经济性变差，混入垃圾做焚烧或填埋处理的量出现上升趋势。

## 四、小结

废弃物可通过回收、拆解、再加工等手段重新获得可被利用的价值，而如果处理不当则会对土壤、大气和水体等造成污染，因而具有资源性和污染性双重属性。

废弃物的主导属性是随着时空推移不断变化的，在同一国家和地区随着时间的推移和经济发展水平、技术工艺水平的变化，废弃物的主导属性可能会发生变化，在同一时间废弃物在不同地区的主导属性也会有所差异。

废弃物只是在一定的历史时期和一定区域内，在一定的技术经济条件下才具有再利用的价值，因此政府和社会在制定相关的管理政策时，需要根据不同时期不同废弃物的主导属性进行决策和实施。

# 第三节 废弃物的经济价值

当前，中国大多数废弃物还是"有价商品"，一般采取售卖的方式对废弃物进行处置，废弃物的处置利用还是一种市场经济行为，存在着一个完整的废弃物收集、运输、处置、利用的市场体系。因此，研究废弃物处置利用行为有必要首先对废弃物的经济价值进行分析和判断。

## 一、废弃物的经济价值

经济价值是指任何事物对于人和社会在经济上的意义，经济学上所说的"商品价值"及其规律则是实现经济价值的必然形式，经济价值是经济行为主体从产品和服务中获得利益的衡量。

根据废弃物的定义，废弃物是指对所有者已不再具有使用价值而被废弃的物品的统称。因此，从产品生命周期角度看，产品的废弃意味着产品作为原有功能的生命周期的结束，废弃物作为被放弃或丧失原有使用价值而被丢弃的物品，在丢弃那一刻起便失去了商品属性，也就不再具有价值和使用价值，只有废弃物因人们的某种需要（如将废弃物作为能源利用或用于生产再生原材料）重新进入商品流通环节时，废弃物才重新获得价值和使用价值。因此，废弃物本身并没有价值，只有人们为了获取废弃物所载有的资源，对废弃物进行进一步处置或利用时，废弃物才具有价值和使用价值，产生经济价值。

废弃物的经济价值分为狭义经济价值和广义经济价值。

　　废弃物狭义经济价值，废弃物处置利用的狭义经济价值主要指对废弃物进行再生利用过程中，通过回收分拣加工得到再生资源产生的经济效益；或者对废弃物进行能源化等其他利用过程中产生的经济效益。

　　以再生资源回收利用行业为例，2017年中国十大品种再生资源回收总值为7 550.7亿元，同比增长28.7%，受主要品种价格上涨影响，十大再生资源品种回收总值均有增长①。据有关行业协会测算，对一台普通的电视机进行回收利用，可回收3.5千克塑料、1.4千克铁、0.6千克铜、0.1千克铝，利用这些再生资源可以再造17个塑料储物盒、9个350毫升易拉罐、600克铜条、3.1磅哑铃。

　　废弃物广义经济价值，废弃物处置利用的广义经济价值不仅包括废弃物拆解加工所能够得到的再生资源（或能源）直接创造的经济价值，还包括与利用原生资源相比产生的节能减排、环境保护、扩大就业等方面的效益。

　　据测算，用从废家电中回收的金属代替通过采矿、运输、冶炼得到的金属，可减少97%的矿废物、86%的空气污染、76%的水污染和40%的用水量，节约90%的原材料和74%的能源，而且两种方法取得金属的性能基本相同。另外，每回收利用一吨废塑料，可生产再生塑料800千克，节能85%，节煤2吨，相当于节约石油117桶，节省增塑剂用玉米300千克，降低生产成本70%~80%，减少碳排放5吨多。据有关资料统计，每生产1吨原铝锭需要消耗能源213.2万亿焦耳（电能约占82%），而生产1吨再生铝合金锭所需能源消耗为5.5万亿焦耳（燃料约占80%），仅为原铝锭生产能源消耗的2.6%，具有明显的比较优势。从法国艾尔斯（R. U. Ayres）援引的用17.5%品位的铝矾土生产铝与用废杂铝生产再生铝所作的对比看，每再生1吨铝，除节能256吉焦外，节水

---

① 资料来源：商务部：《中国再生资源回收行业发展报告（2018年）》。

10.5 吨，少用固体材料 11 吨，少排放 $CO_2$ 0.8 吨，少排放硫氧化物（$SO_x$）0.06 吨，少处理废液废渣 1.9 吨，免剥离地表土石 0.6 吨，免采掘脉石 6.1 吨。另据统计，作为原生有色金属的替代，每再生利用 1 万吨铜，可少排出尾矿 120 万~150 万吨，少排放冶炼废渣 4 万~6 万吨，节省能源折合标准煤 5.9 万吨，节约投资超过 1 亿元，降低生产成本 600 万元。此外，废弃物回收利用还具有扩大就业、维护社会稳定的作用。废弃物回收处理属于劳动密集型产业，安置了大量人员就业，为中国众多人员提供就业机会，为维护社会稳定贡献力量[①]。

## 二、废弃物经济价值的判定

### （一）成本—收益法

成本—收益法（cost-benefit analysis）是经济分析中一种常见方法。该方法的具体做法是以货币计算为基础对决策单元的预期收入与成本进行衡量的一种方法。该方法主要用于判定废弃物狭义经济价值。

由于废弃物具有资源属性和污染属性双重属性，对废弃物进行合理处理利用能够获得一定的再生资源，具有一定的经济价值，但同时对废弃物进行回收、处理和再生利用需要付出一定的经济成本。如果不考虑环境效益和社会效益等间接收益和成本，仅以直接经济效益来衡量的话，当成本小于收益时，废弃物经济价值为正，而当成本大于收益时，废弃物的经济价值为负。

---

① 刘敬勇等：《废弃电器电子产品绿色回收工艺及集中处理案例研究》，载《再生资源与循环经济》2014 年第 3 期。

具体到废弃物经济价值（economic value，EV）判定领域，则是指将废弃物处置的收益与成本相减，得到废弃物处置利用的经济价值，计算公式如公式（2.1）所示。

$$EV = R \times T \times P \times Q - (B + C + D + E) \times Q \qquad (2.1)$$

其中，EV 代表单位废弃物的经济价值；R 指废弃物中有用部分的比例；T 是指废弃物中有用部分的资源价值转化系数；P 指单位废弃物资源化产品价格；B 是单位废弃物收集的成本（包括收集成本＋平均处理成本）；C 指处置后无法再生利用需要最终环保处置的成本（等同于城市生活垃圾的处理成本）；D 指环境成本（即回收处置过程中的直接环境成本）；E 指审计、管理、研发、发展、培训等其他费用；Q 为废弃物回收量。

当 $R \times T \times P > B + C + D + E$ 时，废弃物回收处理的经济价值为正，回收处置有利可图，市场上会存在自发的废弃物回收处置行为；当 $R \times T \times P < B + C + D + E$ 时，废弃物回收处理的经济价值为负，回收处置没有经济利益，没有市场主体会自发进行废弃物回收处置再利用。

## （二）条件价值法

条件价值法（contingent valuation method）亦称意愿评估法、调查评价法，是国际环境经济学中对环境资源等公共物品的经济价值进行评估的一种重要方法，主要应用于生态系统、自然环境、物种资源、旅游资源等生态环境资源的价值评估中，常见于发达国家，而在发展中国家较少使用。

该方法以效用最大化为基本原理，调查居民在假设市场条件下对公共产品的支付意愿。即在详细介绍研究对象概况（包括现状、存在的问题、提供的服务与商品等）的基础上，假想形成一个市场（或成立一项计划或基金）用以恢复或提高该公共商品或服务的功能而愿意支付的金额，或者允许目前的环境恶化或生态环境破坏的趋势继续存在，通过调查问卷的方式直接考察受访者的最大货币支付意愿（willingness to pay，WTP）[1]，由此对物品或服务的价值进行计量。

利用条件价值法进行研究的基本步骤为：创建假想市场，通过调查获得个人的支付意愿，估计平均的支付意愿，估计支付意愿曲线。

在条件价值评估法中，用于导出最大支付意愿的引导技术包括连续型条件价值评估（continuous CV）和离散型条件价值评估（discrete CV）两大类。其中比较具有代表性的提问格式为连续型条件估值下的开放式问题格式（open-ended question format，OE）和离散型条件估值下的封闭式问题格式（closed-ended question format，CE），当下比较流行的支付意愿引导方式为封闭式二分式选择（dichotomous choices，DC）问题格式。在二分式的问卷格式中，被调查者需要就给定的货币数值回答"是"或"否"[2]。该方法的第一步是为被调查者提供一个投标值，若其支付意愿大于或等于给定投标值，则让其选择"是"；反之，选择"否"。第二步再为被调查者提供另一个投标值，若其在第一步选择"是"，则第二步的投标值大于第一步的投标值；若第一步选择"否"，则第二步的投标值小于第一步的投标值。每位被调查者由此会产生四种可能的选择结果："是、是""是、否""否、是"或者"否、否"，由统计调查结果可以估计出社会对废弃物的支付意愿参数以及被调查者的社会经济特性，从而得出被调查者的平均支付意愿。

---

① 徐进亮：《历史性建筑估价》，东南大学出版社 2015 年版，第 165 页。
② 张志强、徐中民、程国栋：《条件价值评估法的发展与应用》，载《地球科学进展》2003 年第 3 期。

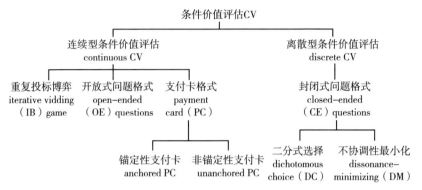

**图 2-2 条件价值评估思维导图**

条件价值评估的核心是得出被调查者的真实最大支付意愿（WTP），引导 WTP 的方式可分为连续型引导和离散型引导两大类，其中连续型条件价值评估技术包括重复投标博弈、开放式问题和支付卡三种形式，离散型条件价值评估的形式是封闭式问题格式。

在重复投标博弈中，调查者在详尽描述非市场物品特征和假设市场的基本情况后，从某初始投标值出发，反复询问被调查者的支付意愿，依据被调查者的回答，不断提高或降低投标值，直到得到肯定或否定的回答后结束调查，并以此时的最终投标值作为最大支付意愿[1]。重复投标博弈把调查的重点集中在被调查者的潜在支付意愿与投标值的反复比较之上，但在实践中忽略了起点投标价格对最大支付意愿的可能影响，且反复询问容易使被调查者产生厌烦情绪，使得被调查者随便给出并非真实意愿的回答。例如，某村庄由于生活垃圾随意丢弃和堆积导致环境恶化，影响了人们的正常生活，现考虑为当地的住户提供垃圾清理和运输服务，但要求当地居民为此支付费用，故需调查当地居民的支付意愿，即确定每户居民愿意为垃圾清运服务和由此带来的村庄清洁效应而支付的最大数

---

[1] 王瑞雪、颜廷武、陈银蓉：《略论西方发达国家条件价值评估法 WTP 引导技术》，载《生产力研究》2007 年第 8 期。

额。若重复投标博弈方法，调查者提供一个初始支付金额如 500
元，由被调查者在此基础上报出意愿支付的价格，调查者根据回答
调高或调低最大支付意愿参考值，被调查者继续报价，如此循环往
复，确定被调查者的最大支付意愿数值。

在开放式问题格式中，需要回答者自由说出自己的最大支付意
愿。开放式问题格式便于操作，可避免调查存在的起点误差、范围
误差及终点误差，但被调查者在回答问题时存在一定难度，特别是
在对自己不了解的事项或公共物品进行估价时，他们很难确定自己
的最大支付意愿而在问卷上留下空白，或者回答的支付数量并不能
代表他们的最大支付意愿。以上文的垃圾清运项目为例，若采用开
放式问题格式，则直接询问被调查者"你愿意为垃圾清理运输项目
每年最多支付多少钱"，由被调查者根据个人的感知和承受能力回
答一个确切的数值作为其最大支付意愿。

在支付卡格式中，调查者会提供有关项目背景的资料及一定的
数值范围让被调查者做出答复，支付卡的问卷格式虽然能弥补开放
式问题格式的高拒答率或空白率问题，但事先提供的参考数值可能
影响被调查者的支付意愿，如何从调查结果中剥离支付卡数值对被
调查答复的支付意愿数值的影响是该方法运用的难点。在上文的案
例中，若采用支付卡格式，则需向被调查者提供项目的相关背景信
息，并根据垃圾清运服务实际的成本和居民的经济水平等因素给出
参考支付范围数值，如每年支付 100 ~ 800 元，然后由被调查者参
考给定范围回答个人的支付意愿。

在离散型条件价值评估方法中，通过加强对非市场物品交易决
策中讨价还价过程的模拟，间接引导出被调查者的支付意愿区间。
在封闭式问题格式中，被调查者只需像市场交易中那样做出购买与
否的决策，即对于给定的支付意愿值回答"是"或"不是"，如果
被调查者对所提供的资源和服务的估价低于报价的数量，就会回答
"不是"。此时调查者可以以低于原报价的值再次询问，从而得出被

调查者的支付意愿区间。采用这种问题格式无法直接估计被调查者的最大支付意愿，但能够减少被调查者虚报其估价的可能性，提高调查的可靠性和有效性。二分式选择问题格式的主要难点在于设计和确定投标数值以及选取合适的统计分析方法计算支付意愿[1]。在上文的案例中，若采用离散型条件价值评估的封闭式问题格式，则首先询问被调查者对给出的支付数值是否愿意承担，例如询问"你是否愿意每年为垃圾清运项目支付 500 元？"，被调查者只能回答"是"或"否"，若被调查者回答否，则说明其最大支付意愿的区间为（0，500），若要得到更精确的意愿支付区间范围，则可继续询问"是否愿意每年为垃圾清运项目支付 400 元"，以此类推，最终得到符合被调查真实意愿的支付意向范围。

## 三、小结

废弃物的资源属性决定其具有一定的经济价值，表现为废弃物经过回收、分类、拆解、加工等处理可得到再生资源或重新进入利用环节，从而产生一定的经济价值。废弃物的经济价值分狭义经济价值和广义经济价值，市场主体一般只考虑废弃物的狭义经济价值，并以个体利润最大化为原则做出行为选择，这就需要政府对废弃物广义经济价值进行判定，并以社会效用最大化为原则做出最优选择。

根据成本收益分析法，当废弃物回收处置的成本低于收益时，废弃物具有正的经济价值，市场上会存在自发的废弃物回收利用行为；而当废弃物的回收处置成本高于收益时，其经济价值为负，市场上不会有自发的废弃物回收行为。

---

[1] 张志强、徐中民、程国栋：《条件价值评估法的发展与应用》，载《地球科学进展》2003 年第 3 期。

根据条件价值法，通过在假设市场条件下调查人们的支付意愿可以对废弃物的广义经济价值做出评估，供政府政策制定和决策参考，采取科学合理的措施促进废弃物处置和利用。

## 第四节 废弃物经济价值的时空差异

废弃物的经济价值具有时间和空间相对性。随着技术经济条件的变化，对同一种废弃物的回收利用的成本和收益也在不断发生变化，导致同一种废弃物在不同的国家和地区，或同一国家和地区的不同历史时期其经济价值也会不断发生变化。

### 一、废弃物经济价值的时间差异

前面，我们分析了废弃物的经济价值主要是由废弃物回收利用的成本和收益比较决定的，在一定的经济社会条件下，废弃物的经济价值是会变化的，具有时间上的差异性。

为有助于理解，我们用西方经济学一般均衡理论对废弃物经济价值的变化进行简单的理论分析，以证明在不同的历史时期，随着经济社会条件的变化，废弃物的经济价值也在不断发生变化，以及从理论上界定有经济价值和无经济价值变化发生的临界点。

为便于分析，我们做出如下假设：

（1）废弃物回收利用属于完全竞争市场，在这一条件下废弃物回收利用企业的边际收益 MR 等于价格 P，边际成本 MC 是一条向上的曲线，市场均衡时 MR = P = MC（如图 2 - 3 所示）。

（2）全社会废弃物产生量为 $Q_e$，废弃物回收利用企业初始市场均衡产量恰好是 $Q_e$，即市场处于出清状态，社会产生的全部废弃物均被回收利用。

（3）政府不对废弃物回收利用进行任何方式的补贴。

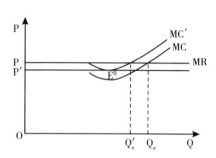

图 2 - 3  废旧商品回收利用一般均衡图

随着经济社会的不断发展，劳动力价格等废弃物回收利用成本不断上升，边际成本曲线由 MC 位置逐渐移动到 MC′ 位置，即使此时边际收益不变，废弃物回收利用的均衡产量也会由初始均衡点 $Q_e$ 移动到 $Q_e'$，但此时全社会废弃物的产量仍然是 $Q_e$，则有 $Q_e - Q_e'$ 的废弃物没有得到有效回收利用而成为垃圾，废弃物回收利用率降低。假如同时废弃物回收利用产品——再生资源价格也在下降，那么废弃物回收利用的边际收益将随之降低，边际收益曲线由 MR 位置逐渐向下移动，此时废弃物回收利用的经济价值逐渐降低。当废弃物回收利用的边际收益 MR 继续降低，降低到边际成本 MC 以下时，即价格 $P' < E^0$ 时，对废弃物进行回收利用将无利可图，废弃物将丧失其经济价值。

从上面的分析我们可以看出，废弃物的经济价值会随着经济社会的发展而不断变化。当废弃物回收利用的收益不变、成本上升时，其经济价值有所降低；当废弃物回收处置的成本不变、收益降低时，经济价值也会降低；而当废弃物回收的边际成本曲线高于边际收益曲线时，废弃物失去其经济价值。

在图 2 - 4 中，废弃物回收利用的收益曲线是从左向右逐渐下降的，成本曲线从左向右逐渐上升。当收益曲线高于成本曲线时，废弃物具有经济价值，如当前中国废有色金属、废钢铁、废电器电子产品、废塑料等均具有一定经济价值；反之，当收益曲线低于成本曲线时，废弃物不再具有经济价值，如当前中国废玻璃、废荧光灯、复合包装物等基本没有经济价值。而在不同的历史时期，不同类别的废弃物在图中所处的位置会有所变化，表现为不同类别的废弃物的经济价值随时间发生变化的情形。

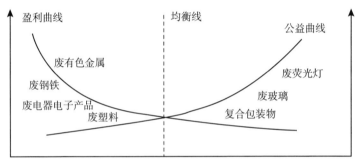

图2-4　中国部分废弃物经济价值现状示意图

　　需要强调的是，以上分析均是建立在政府不对废弃物回收利用进行补贴的基础上的。如果政府对其进行补贴，则废弃物的经济价值拐点将发生变化，这也是当前世界各国纷纷对废弃物处置行为进行干预以促进废弃物市场化处置利用的重要理论基础。

## 二、废弃物经济价值的空间差异

　　由于在不同的地区劳动力等生产要素价格存在差异，导致不同地区的废弃物回收利用成本存在显著差异。但是，由废弃物生产的再生原材料则可以全球范围内流动，因此区域价格差异不大。

为分析简便，我们做出如下假设：

（1）废弃物资源化产品可以自由流动，因此价格在全世界范围内是统一的。

（2）不同国家和地区同类废弃物回收利用技术装备水平无差异。

根据上面废弃物经济价值的成本—收益判定公式，

$$EV = R \times T \times P \times Q - (B + C + D + E) \times Q \qquad (2.2)$$

根据假设，由于废弃物资源化产品可以在世界范围内自由转移，因此废弃物的资源化产品价格 P 在区域间是无差异的；由于不同国家和地区同类废弃物的回收利用技术装备水平无差异，因此废弃物中有用部分的比例 R 和有用部分的转化率 T 无差异。

由此，废弃物的资源化价值 EV 主要是由废弃物的收集成本 B、最终环保处置成本 C、环境成本 D 和其他费用 E 决定。只要废弃物的回收处置单位总成本存在区域差异，废弃物的经济价值就存在区域差异，如果这一差异超过区域间运输成本，就会导致废弃物在世界范围内的跨国流动。

由于处置成本差异，废纸在中国和主要发达国家的经济价值存在较大差异，导致中国成为美国、欧盟、日本、韩国等国家废纸的主要进口国，且进口量呈逐年上升趋势。2015 年，中国进口废纸 2 928 万吨，占国内消耗废纸的 46.20%[①]。

## 三、小结

废弃物的经济价值存在时间和空间上的差异性，在同一地区随着时间的推移和社会的发展，废弃物回收处置的成本和收益的相对值可能发生变动，从而造成废弃物的经济价值随时间变化；在同一

---

① 资料来源：中国物资再生协会：《中国再生资源行业发展报告（2015～2016）》。

历史时期，不同国家和地区由于发展上的差异，废弃物回收处置的成本存在差异，导致相同类型的废弃物在不同区域的经济价值有所不同。因而在判定废弃物价值、制定相关政策时，应当综合考虑所处的历史时期和地区特点。

# 第三章　废弃物治理理论

　　我们在第二章对废弃物进行了全面系统的分析，对各国废弃物的概念、分类进行了梳理。在此基础上，对废弃物的资源属性和环境属性进行了分析，提出了废弃物经济价值的概念。

　　本章将在废弃物分析的基础上，进一步分析废弃物的治理理论及其依据，以期找到各项废弃物管理政策的经济学理论依据。同时，对依据这些理论演变出来的典型废弃物治理政策、制度进行简单分析。

## 第一节　外部性理论

　　前面我们分析了废弃物具有典型的污染属性，如果不加以有效治理会对生态环境产生严重污染。因此，废弃物具有典型的外部性和公共物品属性。市场对废弃物的配置在信息不对称情况下往往是低效率的，这就需要政府以合适的方式对废弃物处置进行有效干预，以弥补市场失灵。

## 一、外部性的定义

外部性理论由马歇尔等经济学家于 19 世纪末首次提出，经过 100 多年的丰富与发展，外部性理论的内涵极大丰富，研究对象也大为扩展，目前外部性理论已成为研究各种经济学问题的一项重要的理论工具。美国斯坦福大学的蒂博尔·希托夫斯基（Tibor Scitovsky）在一篇文章中说，"外在经济概念是经济学文献中最令人费解的概念之一"[1]，但外部性的确又是一个非常有用的概念，它为废弃物治理提供了重要的理论支撑。

外部性作为经济学中一个基本的概念，又称为溢出效应、外部影响、外差效应或外部效应、外部经济。1962 年，布坎南和斯塔布尔宾将外部性定义为："只要某人的效用函数或某厂商的生产函数所包含的某些变量在另一个人或厂商的控制之下，即表明该经济行为中存在外部性。"道格拉斯·诺斯（1983）认为，当某个人的行为所引起的个人成本不等于社会成本，个人收益不等于社会收益时，就存在外部性。萨缪尔森和诺德豪斯的定义："外部性是指那些生产或消费对其他团体强征了不可补偿的成本或给予了无需补偿的收益的情形。"[2] 兰德尔的定义："外部性是用来表示当一个行动的某些效益或成本不在决策者的考虑范围内的时候所产生的一些低效率现象；也就是某些效益被给予，或某些成本被强加给没有参加这一决策的人。"[3]

从布坎南等人的定义中可以看出，外部性概念包含三个基本要点：

---

① Sitovsky. Two Concepts of External Economics [J]. *Journal of Political Economy*, 1954.
② 萨缪尔森、诺德豪斯：《经济学（第 17 版）》，人民邮电出版社 2004 年版，第 263 页。
③ 兰德尔：《资源经济学》，商务印书馆 1989 年版，第 155 页。

第一，经济主体之间的外部性影响是直接的，而不是间接的。也就是说，这种影响不是通过市场价格机制，以市场交易的方式施加的。因为每个经济主体的利益总会受到来自价格变动的影响，而这种价格变动无疑是由其他主体的行为造成的。因此，外部性是市场交易机制之外的一种经济利益关系。

第二，外部性有正也有负。从外部性的发生主体来看，其行为可能给他人带来未获补偿的效用或产量的损失，也可能带来未付报酬的效用或产量的增加。

第三，外部性会出现在消费领域，也会出现在生产领域。也就是说，外部性影响的承受者可能是厂商，也可能是个人。

## 二、外部性的分类

对外部性的分类进行充分了解，有助于我们接下来研究废弃物治理问题。从废弃物的资源属性分析，废弃物具有正外部性；从废弃物的污染属性分析，废弃物具有负外部性；从产生原因分析，废弃物属于技术性外部性；从产生领域分析，废弃物兼有生产和消费两方面外部性；从产生的时空分析，废弃物兼有代内和代际两方面外部性特征；从影响范围分析，废弃物兼有公共外部性与私人外部性特征①。

### （一）正外部性与负外部性

根据外部性作用效果，可将外部性分为正外部性与负外部性，这两个概念分别来自马歇尔的"外部经济"与庇古的"外部不经

---

① 赵建国：《公共经济学》，清华大学出版社 2014 年版，第 152 页。

济"的概念。正外部性是指由于这种外部性的作用使得其他人获
得了某种收益，而负外部性则是指该外部性的实施使得其他人的
利益遭到了损害。同一经济活动可能既有正的外部性又有负的外
部性。

1. 正外部性

正外部性是指一些经济主体的生产或其他行为使另一些人受益
却无法向别人收费，从而造成社会效益大于私人效益的现象。例
如，河流上游的居民植树造林，使得下游居民生产和生活用水质量
得到改善，此时上游居民植树造林的行为便产生了正的外部性。如
图 3-1 所示，MC 为上游居民植树的边际成本曲线，MPR 为上游
居民的边际收益曲线，MR 为社会的总边际收益，其值等于上游居
民的边际收益与该行为产生的边际外部收益之和。对于上游居民而
言，其自身效用最大化时的均衡点 $E_0$，此时的植树造林数量为 $Q_0$，
而对于整个社会而言，最优的均衡点在 $E^*$ 处，对应的植树造林数
量为 $Q^*$。由于存在正外部性，实际的植树造林数量 $Q_0$ 小于社会最
优数量 $Q^*$，出现市场失灵现象。为了追求社会效益最大化，需要
政府采取适当手段对上游居民的行为进行补贴，以扭转由于正外部
性导致的市场失灵现象。

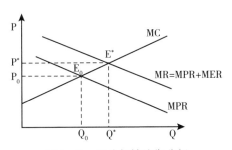

图 3-1 正外部性均衡分析

2. 负外部性

负外部性是指一些经济主体的行为使得他人受损自己却不用付出额外的成本的现象。人类与自然的关系被认为是典型的负外部性问题，自然环境具有非排他性和非竞争性的特点，是典型的公共物品，一些人通过对生态环境的破坏获得利益却没有承担成本，其他人没有获得收益但所处的生态环境质量变差，从而引起资源配置不当。例如，在河流上游的造纸厂排放污水，导致河流下游居民使用清洁水源的权益受到损害，此时上游造纸厂排放污水的行为就产生了负的外部性。如图 3 – 2 所示，D = MR 为造纸厂的边际收益曲线，MPC 表示排放污水的造纸厂的私人边际成本，MC 为造纸厂排放污水造成的总的社会边际成本，是私人边际成本和该行为的边际外部性成本之和。造纸厂在决策过程中以自身的利益最大化为目标，选取 E 点为均衡点，此时其消耗的社会资源量（或造成的社会污染量）为 $Q_1$。若以社会效益最大化为目标，则应选取 $E^*$ 为均衡点，此时该行为消耗的社会资源量（或造成的社会污染量）为 $Q^*$，小于 $Q_1$，出现市场失灵。由于市场失灵，负外部性导致的资源消耗和环境污染问题不能依靠市场力量单独解决，需要政府采取适当的手段促使经济行为主体将自身行为对外界造成的负外部性考虑在内，从而实现社会效益最大化。

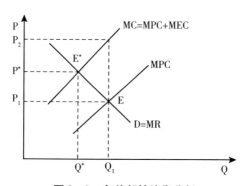

图 3 – 2　负外部性均衡分析

## （二）货币外部性与技术外部性

根据外部性的作用机制不同，可以将外部性划分为货币外部性与技术外部性。

1. 货币外部性

货币外部性是指通过市场机制的相互依赖由价格变动所引起的外部效应。如，由于一家企业的促销活动影响了同行其他企业的经营业绩下降的状况，由于这种外部性只产生了价格的变动，改变了货币利益的转移方向，而未影响资源的配置效率，即帕累托最优的结果，也不会影响社会总产出，所以也被一些学者称为"假外部效应"。

2. 技术外部性

技术外部性是指通过行为人之间直接的、非市场的相互依赖所决定的，这种外部性不经市场机制发挥作用，而是产生直接的实实在在的影响，比如废弃物的处理问题，若有人或企业不对废弃物加以处理，而是随意丢弃，则将会污染环境并对其他人的健康生活产生直接影响，这种影响不经市场机制发挥作用，也不通过价格机制加以体现，产生了大于社会最优量的废弃物，并影响了资源的有效配置。因此，废弃物排放问题是典型的技术外部性问题。技术外部性的存在会影响社会总产出或社会总的福利水平，也可能会导致市场失灵。

## （三）生产外部性与消费外部性

根据外部性产生的行为主体的差别，可以将外部性划分为生产外部性与消费外部性。

1. 生产外部性

生产外部性的经济行为主体是生产者，即来源于生产领域的外部性。生产外部性一般表现为一个厂商的经济行为直接影响到另一个经济主体的生产或消费，而这种影响是没有通过市场交易或价格体系来调节完成的。如企业在生产过程中的废水、废气和废渣的排放问题，即属于生产外部性。又如养蜂场与苹果园毗邻，由于养蜂场的存在，提高了苹果园里苹果的授粉率，苹果的产量增加，而苹果产量的提高又使得养蜂场产蜜量上升，在此过程中养蜂场和苹果园都没有从对方那里获得任何报酬，也体现了一种生产外部性。

2. 消费外部性

消费外部性的经济行为主体是消费者，即来源于消费领域的外部性。消费外部性一般表现为一个消费者的行为直接影响另一个经济主体的生产或消费，而这种影响没有通过市场交易或价格体系发生作用。例如，某人去医院注射了流感疫苗，该行为不仅对他自身有好处，也使周围的人可能接触的病毒传染源减少，但其他人并未因此付费[1]。又如消费者丢弃废品造成的污染问题以及汽车消费过程产生的空气污染、交通拥堵等问题，都在近几十年来受到越来越广泛的关注。

## （四）公共外部性与私人外部性

按照外部性影响是否具有公共物品的属性，可以将外部性分为公共外部性与私人外部性。

1. 公共外部性

公共外部性是指受体众多且受体之间对外部性的"消费"具有非排他性和非竞争性特点的外部性，其中非排他性是指人们在一定

---

[1] 俞红：《区域经济差异视角下中国外来物种入侵问题研究》，中国商务出版社2014年版，第29页。

范围内难以摆脱这种外部性的影响，非竞争性则是指一个受体对该外部性的"消费"不会减少周围其他人对外部性的"消费"。如废弃物的随意丢弃产生的环境污染问题、秸秆焚烧产生的烟尘排放问题，都属于公共外部性问题。

2. 私人外部性

与之相对，私人外部性是指那些具有排他性和竞争性的外部性影响，这类外部性只针对有限受体，且每增加一个受体，其他受体所受到的影响就会相应减少，如村民垃圾的投放问题，由于村民每日产生的垃圾量基本固定，投放在一片固定区域的垃圾的增多，则意味着投放在另一些区域垃圾的减少。鲍莫尔和奥茨在《环境经济理论与政策设计》中将这两种外部性称为"大数情况"和"少数人情况"，他们认为，不管是外部效应的制造方还是外部效应的受害方，在"大数情况"下，交易成本过高，通常就排除了谈判的可能性，因而庇古税有其存在的现实必要性。相反，"少数人情况"的私人外部性则比较容易通过讨价还价方式将外部性内部化。

## （五）代内外部性与代际外部性

根据外部性产生的时空不同，可将外部性划分为代内外部性和代际外部性[①]。

1. 代内外部性

通常所说的外部性是一种空间概念，主要从当期的资源配置和结果影响方面考虑，即主要指的是代内的外部性问题。传统的代内外部性问题存在于同一地区的企业与企业之间、企业与居民之间、居民与居民之间，而今此种外部性已扩展到了区际之间、国际之间，如一国大量排放温室气体，导致全球变暖加剧，影响

---

① 沈满洪、魏楚等：《环境经济学回顾与展望》，中国环境出版社 2015 年版，第 4 页。

到其他国家和地区的国民命运，可见代内外部性的空间范围在逐渐扩大。

2. 代际外部性

代际外部性又被称为"当前向未来延伸的外部性"，考虑的是人类代际行为的相互影响，致力于减少和消除前代对当代、当代对后代的不利影响，代际外部性的提出源于可持续发展理念。而代际外部性也可分为代际外部经济和代际外部不经济两种类型，如"前人栽树，后人乘凉"便是一种典型的代际外部经济现象，而当今的代际外部不经济问题也日益突出，如生态破坏、环境污染、资源枯竭、淡水短缺等问题，都会危及我们子孙后代的生存。

# 三、小结

从作用效果来看，废弃物如果被随意丢弃、不进行有效处置，就会造成环境污染，损害其他经济主体的利益，造成负的外部性；而如果将废弃物进行有效回收和再利用，产生再生原材料则能够起到节约资源、保护环境的作用，产生正的外部性。

从作用机制来看，废弃物的影响一般不是通过市场机制和货币体系进行调节的，因而属于技术外部性。

从产生领域来看，废弃物的行为主体可能是生产者，也可能是消费者，故同时存在生产外部性和消费外部性。

从外部性影响的公共物品属性来看，废弃物的影响可能是非竞争性、非排他性的，也可能只影响到数量有限、相互排斥的主体，因此废弃物同时具有公共外部性和私人外部性。

从作用时空来看，废弃物不仅对当代社会和生物有影响，也会对子孙后代产生影响，即废弃物兼有代内和代际外部性特征。

# 第二节 典型外部性治理政策

废弃物具有典型的外部性特征，因此为了实现废弃物外部性的内部化，出现了直接行政管制、征收庇古税、界定环境产权等治理手段。

## 一、直接行政管制

直接行政管制是一种典型的公共部门主导型的外部性治理方式，也是传统上外部性治理的基本手段。直接行政管制政策的基本特征是，政府通过行政法律法规的手段，对生产负外部性的行为主体的行为或生产结果，进行强制性的规定和调整。直接行政管制的基本做法包括：基于生产绩效的管制（performance based regulation）和投入管制（input regulation）。

基于生产绩效的管制主要立足于从目标和结果角度对行为主体的外部性行为进行规制，如对污染物排放行为，典型做法就是设定排放标准，对任何超过规定排放标准或规模总量的企业进行罚款或起诉，或者对生产过程中不能达到排放要求的企业不准予进入某一行业领域，即实行行业准入限制。公共部门需要掌握环境容量、污染的外部成本和企业治理污染的成本等充分的信息，才能科学设定排放标准，但对不同企业设置"一刀切"的统一标准，可能会导致"底线赛跑效应"发生，因为没有考虑不同企业的技术等条件。

投入管制注重于生产过程的管理和规范，包括对生产过程中的投入品、生产程序和生产技术进行规定，例如公共场所禁止吸烟，汽车尾气净化装置的强制安装，禁止使用落后的生产技术，要求钢铁生产企业安装脱硫装置等规定。在行业相对匀质，单一企业污染排放量难以测量时，可采用投入管制，其优点在于易于操作，但对企业在污染治理方面的研发创新无激励作用。直接管制的优势在于外部性治理的结果较为确定，但其不足是治理成本通常较高，无法实现资源配置的最优化[①]。

## 二、庇古税

经济学家庇古是马歇尔的嫡传弟子，于 1912 年发表了《财富与福利》一书，后经修改充实，于 1920 年易名为《福利经济学》出版。这部著作是庇古的代表作，也是西方经济学发展中第一部系统论述福利经济学问题的专著。因此，庇古被称为"福利经济学之父"。

庇古首次用现代经济学的方法从福利经济学的角度系统地研究了外部性问题，在马歇尔提出的"外部经济"概念基础上扩充了"外部不经济"的概念和内容，将外部性问题的研究从外部因素对企业的影响效果转向企业或居民对其他企业或居民的影响效果。庇古提出通过向污染者征税的方法控制污染排放水平，庇古税的本质是通过税收手段使得私人成本与社会成本尽可能相等，将社会行为产生的负外部性成本予以内部化。庇古税的目的是化解由于私人成本和社会成本存在差距所导致的社会不公，进而实现社会资源财富的最优分配。

---

① 许彬主编：《公共经济学》，清华大学出版社 2012 年版，第 58 页。

## （一）庇古税矫正负外部性

当外部效应出现时，一般无法通过市场机制的自发作用来调节以达到社会资源有效配置的目的。外部效应的存在既然无法通过市场机制来解决，政府就应当负起这个责任，如政府可以通过行政命令的方式硬性规定特定的污染排放量，企业或个人必须将污染量控制在这一法定水平之下，或者政府征收排污税等方式来治理企业或个人的环境污染问题。

庇古税是政府矫正负外部性的一种经济手段，其基本做法是对产生污染的企业征收一定的矫正性税收（Corrective Tax），以期通过税收手段将外部治理成本内部化，使得个体企业的污染治理水平与社会的最优污染治理水平相一致。其基本原理如图 3 - 3 所示，P是价格水平，Q 是生产水平即产量，某一企业生产会对外产生污染损害，使受害人或社会公共利益受损，图中，MPC 为该企业的私人边际成本，MEC 为外部边际成本，MC = MPC + MEC 为社会边际成本，D = MR 为边际效益。

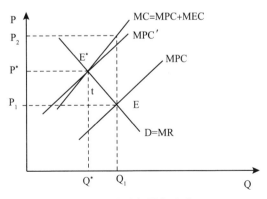

图 3 - 3　负外部性与庇古税

当企业的行为只考虑了自身的成本与收益，而未考虑其行为所造成的社会成本时，企业以利润最大化为目的，会以 $Q_1$ 产量进行生产，而此时社会效益最大化的产量为 $Q^*$，企业的行为产生了负外部性。因此，政府可以通过对该企业征收庇古税 t 以改变企业的生产行为，征收庇古税后，企业的边际私人成本由 MPC 变为 MPC′，其私人边际成本和社会边际成本一致，从而达到企业均衡产量等于社会效益最大化时的产量水平。即图 3－3 中所示，庇古税的征收使得企业的边际成本曲线与社会的边际成本线相交于点 $E^*$，此时企业的边际成本等于边际收益，对应的最优产量 $Q^*$ 也是社会最优的产量水平，矫正了市场失灵。

## （二）庇古税税率设置

当庇古税等于私人成本与社会成本之间的差额时，此时获得最优制度效率。当庇古税大于私人成本和社会成本之间的差额，可能会导致污染物的违法处置，社会监督成本高昂，会导致制度低效率。图 3－4 显示了如何开征庇古税才能使企业的外部不经济性内部化。图中 MPC 为企业的边际私人成本，MC 为社会边际成本，MEC 为边际负外部性成本，MPB 为企业的边际私人收益，MB 为社会边际收益，P 是价格水平，Q 是产量。

在不考虑企业的负外部性情况下，企业最大化收益的产出水平是 $Q_2$，即 MPC 与 MPB 的均衡点，其产品价格为 $P_2$；在考虑工厂的负外部性情况下，工厂最大化收益的产出水平是 $Q_1$，即 MC 与 MPB 的均衡点，其产品价格为 $P_1$；此时，$Q_1 < Q_2$ 说明将工厂负外部性考虑到社会成本内，社会收益减少了，工厂侵害了社会净福利。政府对工厂实施征税政策后，可以将其工厂产生的社会损失内部化，其按照庇古税原理征税的庇古税 $T = P_1 - P_2$。

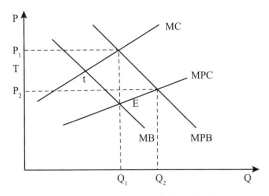

图 3 - 4　庇古税与生产水平的关系

征收的最优庇古税是以社会边际效益最大化为基础的。于是有：

SB = PQ - C(Q) - EC(Q)（SB 为社会总效益，EC 为总外部性成本，是产量 Q 的函数）

社会效益最大化时，对两边求导数，得到：

MB = P - MPC - MEC = 0

P = MC = MPC + MEC = MPC + T（T = MEC，即边际负外部性成本）

T = MC - MPC（即社会边际成本与私人边际成本的差额）

此时企业被迫选择：

（1）交庇古税 T，将工厂的生产规模降低，由 Q$_2$ 产量减少至 Q$_1$ 产量；

（2）不交庇古税 T，工厂的生产规模保持不变，仍然维持 Q$_2$ 产量。

### （三）庇古税与最优排污费

当庇古税 T 的值确定后，企业通过比较自身污染治理成本与税收惩罚的大小决定自身的最优污染治理量。还可以从另一个角度来理解庇古税，如图 3 - 5 所示，横轴代表污染排放量，MEB（q）是污染者排放污染物的边际外部盈余，MEC(q) 是污染者排放污染物的边际外部成本，MD(q) 是污染者排放污染物的边际损害成本，P 是排放污染物的价格水平，q 是污染物排放量，$q_0$ 是最优排放水平，$P_0$ 是最优排放水平的均衡价格。

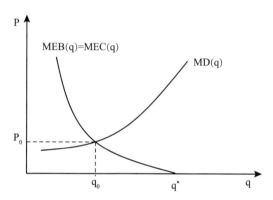

**图 3－5　庄古税与污染物最优排放水平的关系**

如果只考虑环境资产的纳污能力，不考虑对污染者的任何管制，则污染者决策必然是极限甚至是超额无偿使用纳污资产的净化功能，使排放水平趋向 $q^*$，此时，边际外部盈余被榨干，即环境生态系统退化至丧失净化能力。

随着污染物排放水平的增加，边际外部盈余呈现递减趋势，直至达到 $q^*$，说明环境资产在缺失明确产权的状态下，市场机制存在广泛的"搭便车"现象，市场机制不可能使得污染物在最优水平下排放，存在市场失灵。

当边际外部盈余 MEB(q) 等于边际损害 MD(q) 时，污染物排放处于最优排放水平条件下，最优排放水平为 $q_0$，此时，污染者排放污染物的均衡边际成本 MEC(q) 是 $P_0$。要使得污染者能够选择最优排放决策，必须是使得污染者的排放成本等于最优排放水平的边际损害，或等于均衡边际成本；此时，政府征收庄古税率 T = $P_0$，征收的庇古税额度应等于 $P_0 \times q_0$。

对于拥有不同边际污染治理成本曲线的企业，其最优的污染治理量和排放量也不相同，对于技术较落后的企业，其治理污染的边际成本较高，因而会选择少治理污染多接受税收惩罚，其最优的污染排放量高于面临同一税收水平、技术较先进的企业。

相比直接行政管制手段，利用庇古税治理外部性的明显优势在于其成本较低，可以由企业根据自身情况选择最佳的污染治理规模，实现污染治理的总成本最小化，还可以激励企业进行污染治理技术相关的研发和创新以减少税收惩罚。但在实际操作中，确定庇古税的大小需要公共部门对企业的生产函数和社会的成本函数掌握信息，其难度较大，且当税率的设定出现偏差时所导致的出错成本也较大，同时在税率确定时社会的污染排放总规模难以测定[1]。

## 三、产权界定

科斯·罗纳德作为产权理论的鼻祖，他在 1960 年发表的《社会成本问题》中指出，外部性具有普遍的侵权特征，问题的关键不在于 A 损害 B 或者 B 损害 A，相反应该是个相互选择的问题，即允许 A 损害 B 还是 B 损害 A[2]。斯科定理指出，在交易费用为零时，只要财产权初始界定是清晰的，并允许当事人进行自由谈判和交易，则无论在开始时产权如何配置，通过产权市场的交易都会达到帕累托最优的资源配置结果[3]。经济学家哈尔·罗纳德·范里安也曾说过，现实中的外部性问题通常是由于产权界定不明确引起的。因此，是赋予企业 A 排放废弃物的权利，还是赋予企业 B 不受废弃

① 许彬主编：《公共经济学》，清华大学出版社 2012 年版，第 60~61 页。
② 许彬主编：《公共经济学》，清华大学出版社 2012 年版，第 46 页。
③ 蔡传柏主编：《经济学基础》，上海财经大学出版社 2015 年版，第 135 页。

物排放侵害的权利问题就成为产权理论需要解决的问题。

1960 年，一项向欧洲人权委员会提出的控告中指出，向北海倾倒放射性废弃物的做法有悖于《欧洲人权条约》，自此引发了一场旷日持久的关于"环境权"是否应被纳入欧洲人权清单的激烈争辩。20 世纪 70 年代，美国学者萨克斯提出涉及环境资源的"公有说"，认为良好的资源环境是全民的共享资源与公共财产，任何人都没有对国家公共财产的随意占有、支配和破坏的权利。但是，环境权作为一种特殊的权利，为合理利用并保护这一权利，只能以契约形式委托国家进行监督与管理，国家成为全民的代理人，需对全民的环境权负责，这就是"公共委托说"。随着对环境权研究的不断深入与发展，目前认为环境权是享有良好环境的权利，如清洁空气权、清洁水权、安宁权和景观权等。

环境权作为生态文明时代的重要权力，是进行环境公益诉讼的基础。1979 年，中国《环境保护法（试行）》中明确规定，"谁污染，谁治理"，在 1989 年的《环境保护法》中修改为"污染者治理"原则，在 1996 年《国务院关于环境保护若干问题的决定》中发展为"污染者付费原则"，而在 2014 年《环境保护法》最新修订案中，发展为"损害担责"原则，这些都体现了生产者应承担对全民环境权造成侵害责任。由此可见，在废弃物的排放问题之中，国际国内大多数的观点还是认为企业 B 拥有不受废弃物排放侵害的权利。

在本书生产者责任延伸制度中，国家作为全民的委托人，将生产者的责任延伸到产品的消费后处理阶段，实质上就是明确界定了生产者对产品全生命周期的环境承担责任，保障了全民免遭产品被弃置所造成的环境污染风险。通过界定相关责任，要求生产者在生产过程中同时考虑生产成本和废弃物排放后的环境成本，将全部社会成本纳入其生产函数之内，从而使得外部成本内部化，经济行为的最终结果达到最优均衡状态。

产权界定的典型政策办法是排污许可证交易制度，排污许可证制度是一种以污染物总量控制为基础，以排污许可证为形式，对单位或个人排污的种类、数量、性质、去向、方式等做出的具体规定，是一项有法律含义的行政管理制度①。一个典型的排污许可证交易制度具有以下三个方面的特征：

第一，每个单位的污染排放必须获得相应的许可证；

第二，每个企业在初始阶段可以免费获得一定数量的排污许可证，许可证的总量为设定的最优排放规模；

第三，排污许可证可以按照一定的市场价格，在企业之间的许可证市场进行交易。

在该制度下，可以确定污染排放的规模，即根据环境容量确定最优污染排放规模而颁发的许可证总量。企业也可权衡许可证价格与清除污染的边际成本，当许可证价格较高时，企业倾向于多治理污染，少购买许可证或者在市场上出售许可证，造成许可证价格下降。相反，若许可证价格较低，企业倾向于少治理污染，多购买污染许可证，此时许可证价格有上升的趋势。最终在许可证交易市场上，供求双方都会根据最后一单位污染治理成本等于许可证价格的原则确定许可证的持有量，在许可证市场出清的同时，各企业也实现了污染治理成本的最小化②。如图 3-6 所示，横轴为污染水平和排污许可量，纵轴为价格和成本，MAC 为边际治理成本，也是排污许可证的需求曲线，MEC 为边际外部成本，L 为排污许可证的供给曲线（由于排污许可证总量的发放是被管制的，故其供给曲线是一条垂线），确定的最优排污许可证价格为 $P^*$。当排污许可证的价格高于边际治理成本时（$E^*$ 点右侧），企业选择自行治理污染，减少污染排放；当排污许可证价格高于企业的边际治理成本时（$E^*$ 左侧），企业会购买排污许可证，因此市场均衡时的排污量为 $Q^*$，

---

① 田良编著：《环境规划与管理教程》，中国科学技术大学出版社 2014 年版，第 85 页。
② 许彬主编：《公共经济学》，清华大学出版社 2012 年版，第 62 页。

实现了治理成本最小化和资源最优配置。

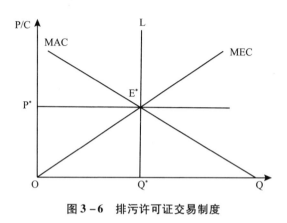

图3-6　排污许可证交易制度

排污许可证交易制度的优势在于既减少了外部性治理的成本，也能够控制社会总的污染排放量，集中了直接行政管制和庇古税两项政策的优点。但该制度在运行中也存在初始许可证难以公平而有效率地分配、排污权交易市场不成熟等问题。

## 四、小结

外部性问题可以通过直接行政管制、庇古税和产权界定等手段进行治理，前者以政府管制为主，后两者则强调市场在资源配置中发挥核心作用。

其中，直接行政管制由公共部门主导，通过行政法律途径实施，主要通过设定污染排放标准，对生产过程进行规范等方式进行，其优势在于治理结果较为明确，但治理成本偏高。

庇古税是通过对企业等的污染排放行为征收一定的矫正税进行，通过设置合适的税率让企业自行选择合适的污染治理量和排放量，从而实现企业的最优排放量与环境承载量相一致，其优势在于有市场机制发挥作用，治理成本较低，但无法确定社会的总排放量。

产权界定的思想来自科斯定理，其核心思想在于当市场交易费用为零且产权界定清晰时，无论初始产权如何分配，总能通过当事人的谈判和交易实现资源的最优化配置，实践中产权界定的典型政策为排污许可证交易制度，在该制度下每一单位的污染排放都要取得排污许可证，许可证的总量固定且为设定的社会最优排放规模，且排污许可证可在市场上自由交易，由此确定最优的排污许可证价格和各企业的最优排污规模，该政策的优势在于治理成本较低，且能控制社会污染总排放量，但在实践中无法满足市场交易成本等于零的条件。

# 第四章 生产者责任延伸制度概述

生产者责任延伸（extend producer responsibility，EPR）的概念是为解决固体废弃物污染问题而提出的一种预防性策略，随着 EPR 成功从理论走向实践，在全世界范围内广泛普及，EPR 的内涵不断深化，发展成为全世界固废管理政策普遍遵守的原则。在前三章我们对生产者责任延伸制度研究进展、制度制定背景及理论依据进行阐述的基础上，第四章至第七章我们将详述生产者责任延伸制度的理论及制度架构。

本章主要对生产者责任延伸制度的内涵、责任主体界定、责任范围、政策工具等进行详细阐述，并简要介绍三种典型的制度安排，从而充分解析生产者责任延伸这一理念制度化的架构和核心政策制度。

## 第一节 生产者责任延伸制度内涵

### 一、生产者责任延伸制度的内涵

目前，国内外许多学者在开展相关研究时普遍将生产者责任延伸（EPR）等同于生产者责任延伸制度。但两者是有明显区别的，显然不能混淆，EPR 是一种理念或政策制定原则，EPR 制度是落实 EPR 理念的一系列制度安排。

生产者责任延伸制度（Extend Producer Responsibility System, EPRS）是指落实产品生产者对其产品设计、生产以及流通、消费后回收、循环利用与环保处置等全生命周期环境责任的一系列制度安排。

生产者责任延伸制度的实施主体是生产者，作用对象是废弃物，直接目的是让生产者履行对废弃物的处置责任，最终目的是使产品废弃后的环境影响最小化。

## （一）生产者的界定

由于生产者责任延伸制度的作用对象是废弃物，因此理论界对这一制度下的生产者有不同理解：有的学者认为生产者就是指产品的制造者，即生产者就是能够做出统一生产决策的单个经济单位，即企业或者厂商；有的学者认为生产者是指废弃物的生产者，既包括企业（厂商），也包消费者。目前，从各国环境政策实践看，消费者（废物的生产者）适用的更多的是排放者付费制度，其政策目标、作用机制与生产者责任延伸制度存在很大差别，因此本书所称的生产者不包含产品消费者。

瑞典隆德大学环境经济学家托马斯·林赫斯特在提出生产者责任延伸概念时指出，生产者主要包括原材料开采者、零部件制造商、成品组装者和销售环节的所有参与者。当今社会，产品生产是一个庞杂的体系，一个产品的生产的原料开采环节和零部件制造商可能包含众多主体，有的可能还涉及跨国供应商，考虑到生产者责任延伸制度的实施产品主要是最终消费品，因此本书所指的生产者也不包含原材料开采者、零部件制造商、销售环节参与者。

综上，生产者是指最终产品的生产厂商（含进口商）。

## （二）责任分担

除了最终产品的生产者，一个产品的产品链还有众多参与者，如原材料供应者、产品销售者（包括零售商、批发商、销售终端）、消费者、废弃物处理者（包括运输、废弃物分类）、执行监管职能的政府等。尽管在 EPR 原则下，生产者被赋予核心责任，但并不是说只有生产者负有责任，任何 EPR 计划的成功都离不开产品链上所有参与者的共同参与。OECD 在 1997 年发布的报告中提出，产品链条上所有的参与者都应该部分承担产品全生命周期中的环境影响责任。德国在 1994 年颁布的《循环经济和废物管理法》中则规定：产品的研发者、生产者、加工处理者或者销售者应承担以实现循环经济为目的的产品延伸责任，而产品的消费者承担由不当消费产品而造成的后果。以德国的汽车行业为例，德国汽车工业协会认为实施 EPR 制度必须坚持责任分担原则，汽车制造商和供应商应承担产品的设计、开发和制造的主要责任，而汽车的所有人要承担汽车使用阶段及规范处置报废汽车的责任，可以部分折价作为以旧换新的费用，必要时还要缴纳报废汽车处理处置的费用。

目前，从国际实践和学者研究的成果来看，责任分担已经成为推行 EPR 制度的基本共识，只是就责任应如何分担仍存在分歧。从原材料开采到产品交易链条上所有参与者都应承担连带责任，特别是制造商、销售商、消费者在产品链条上形成合作伙伴关系，形成以制造商为主的生产者责任分担体系。

## （三）责任范围

1992 年 4 月，林赫斯特在向瑞典环境与自然资源部提交的一份关于生产者责任延伸的报告中提到，"生产者责任延伸制度，是一种环境保护策略，旨在降低产品的环境影响，通过使生产者对产品的整个生命周期，特别是对产品的回收、循环和最终处置担负责任来实现。"

林赫斯特对生产者延伸责任的描述涵盖了生产者对产品环境安全损害、产品的清洁生产、提供产品环境安全信息、产品废弃后回收、循环再利用等覆盖产品全生命周期的责任，并特别强化了产品消费后生产者预防和治理废弃物污染影响和环境安全的责任。其对延伸生产者责任划分为以下五类[①]（见图4－1）。

1. 产品责任（liability）

指生产者对已经证实的由产品导致的环境或安全损害承担责任，产品责任不但存在于产品使用阶段，而且存在于产品的最终处置阶段。即对产品造成的环境破坏等承担法律责任。

2. 经济责任（economic responsibility）

指生产者对产品使用后的废弃物的全部或部分管理成本承担支付责任，包括废弃物的回收、分类与处置。生产者承担的经济责任可以由其直接支付，也可通过特殊税费的形式支付。

3. 物质责任（physical responsibility）

指生产者在产品使用阶段或消费后直接或间接的对产品的物质管理责任，以减轻产品全生命周期的环境影响，也称行为责任，包括产品的绿色设计和清洁生产工艺开发，构建废旧产品回收再利用体系，管理产品回收进程等。

4. 信息责任（informative responsibility）

指在产品的不同生命周期，生产者需要向消费者、回收者、再生和处置者提供有关产品及其影响等信息的责任，如环保标志、能耗信息及分类信息等。

---

① 乔奇等：《清洁生产中的延伸生产者责任》，化学工业出版社2010年版，第32～33页。

5. 所有权责任（qwnership）

指在产品的整个生命周期中，生产者仅出售产品的使用权，保留对产品的所有权，对其生产销售的产品的全生命周期负完全责任。

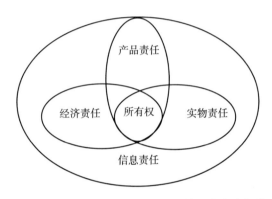

**图 4 – 1　林赫斯特（Lindhqvist）延伸生产者责任类型**

## （四）政策工具

以生产者责任延伸为原则的废弃物管理公共政策需要具体的政策工具来推行，林赫斯特认为，EPR 执行的政策工具可归纳为三大类：

1. 行政型工具

通过法律、法规及行政手段强制开展 EPR 制度的推行，主要包括：针对特定产品开展强制性回收，规定参与主体负责收集、回收废弃物的责任，设定回收和循环利用目标，制定相适应的环境标准、再生原料使用额最低比例，禁止及限制特定材料使用，禁止及限制特定产品的生产销售等。

2. 经济型工具

通过经济手段促进 EPR 制度的推行，包括：预收处置费、征收环境税、征收处理基金、实施押金返还制度等。

3. 信息工具

主要是通过信息手段促进 EPR 制度的推行，产品要标识环境信息和回收信息，向回收利用企业提供产品构造、组成及回收特征等相关信息，向消费者提供垃圾分类指导信息等，以及其他节能环保标识、相关警语等。

## （五）付费机制

由谁付费是实施 EPR 的核心问题，胡丽玲（2014）重点对资金供给机制进行了分析，指出生产者主要通过纳税和交费来支付[1]，消费者主要通过购买商品实现费用支付，最终由消费者承担了经济责任。因此，按照消费者的付费时机、付费方式，可以分为直接预收费体系、间接预收处置费体系和最后所有者付费体系。

（1）直接预付费体系：是指产品价格中直接含有专门数量的费用，用于支持这种产品的生命周期末端处置和管理，消费者在购买产品时能够直接观察到他们在为产品的回收和末端处理支付的费用。例如，押金返还制度中预缴押金就是对回收处理直接缴纳预付费的一种制度安排。

（2）间接预收处置费：是指根据回收和处理成本对某种产品征收一定费用，对于消费者来说收取的处置费是不可见的，末端管理的成本纳入产品价格。预先收费既可以在销售点从消费者那里直接收取，也可以以总的销售额为基础从生产者那里收取。基金制的征收方式就是典型的不可预见预先处置费的方式。

（3）最后所有者付费体系：由最后的产品所有者直接支付废旧产品的环境友好处理成本，如日本家庭居民在废弃家电抛弃时要向

---

① 胡丽玲：《基于 EPR 制度的政府规制与逆向供应链激励机制》，浙江工业大学硕士学位论文，2014 年。

回收者支付一定的处理费。

## （六）实施对象

EPR 概念提出以来，瑞典和德国最早将 EPR 原则应用于结构简单、生命周期较短的包装废弃物。如德国 1991 年 6 月开始实施《包装物法令》，瑞典在 1993 年发布《生态循环提案》，提议对包装物、新闻纸基于 EPR 原则制定专门法规。随着 EPR 原则在 OECD 国家和全世界受到广泛认可，EPR 原则适用的产品也不断扩大，目前 EPR 原则已广泛应用于废电池、报废汽车、废旧轮胎、电子废弃物、建筑垃圾等复杂耐用商品，成为发达国家废弃物管理政策的主要发展趋势。

但需要注意，EPR 制度并不适用于所有废弃物，魏洁（2006）认为是否适合 EPR 制度需要考虑产品的寿命、构成、市场、分布状态、二级材料市场等因素[1]。胡兰玲（2012）认为产品回收价值和废弃物的环境影响是决定该产品是否适合采用 EPR 的主要因素，环境影响较大、产量增长迅速、缺乏回收再生商业潜力的废弃物，则需要政府政策的干预，是实施 EPR 政策的首选[2]。OECD 工作组认为，决定是否适合采用 EPR 制度的最主要的两个因素是废弃物对环境影响的大小以及产品回收价值的高低。

# 二、小结

生产者责任延伸制度指生产商（包括进口商）对产品在整个生

---

[1]　魏洁：《生产者责任延伸制下的企业回收逆向物流研究》，西南交通大学 2006 年版。
[2]　胡兰玲：《生产者责任延伸制度研究》，载《天津师范大学学报（社科版）》2012 年第 4 期。

命周期中产生的环境影响承担责任，包括在产品设计、原材料选取、消费后废弃物回收、处置和循环利用等环节中均承担责任的制度。对生产者责任进行延伸的目的在于可从源头出发控制产品对环境的损害，激励生产者生产更加环保的产品，同时要求生产者参与废弃物的回收利用过程，从而最大限度发挥废弃物的资源属性，使得产品对环境的影响最小化。延伸的生产者责任可分为不同类别，根据托马斯的界定，生产者需要承担的延伸责任包括产品责任、经济责任、物质责任、信息责任和所有权责任五大类；根据中国国务院办公厅颁布的《生产者责任延伸制度推行方案》，生产者需要承担包括开展产品生态设计、使用再生原材料、规范废弃物和包装的回收处置、加强信息公开这四类延伸责任。

## 第二节　生产者延伸责任主要实现途径

从国内外实践看，EPR 制度主要是通过相关法律法规强制规定来实现法律责任（环境损害责任）和信息责任的延伸，通过税收、征收基金等方式实现经济责任的延伸，通过征收押金或实行目标管理等方式实现行为责任（物质责任）的延伸（见表 4 − 1）。

表 4 − 1　　　　　　　生产者延伸责任的主要实现途径

| 序号 | 责任类型 | 实现途径 |
|------|----------|----------|
| 1 | 法律责任（产品责任） | 相关法律法规规定 |
| 2 | 经济责任 | 基金制度、环境税 |
| 3 | 行为责任（物质责任） | 生态设计制度、再生原材料使用制度、目标管理制度、押金返还制度 |
| 4 | 信息责任 | 相关法律法规规定 |

## 一、目标管理制度

目标管理制度是一种以法规规定或行政命令为手段，强制要求生产者（进口商）对其生产的产品在消费废弃后履行回收处理责任且必须达到一定目标的一项废弃物管理制度。目标管理制度是生产者履行实物延伸责任的一种 EPR 制度安排。

目标管理制度是一种结果导向型的废弃物管理制度，其核心是确定生产者（进口商）回收处理目标，并对目标完成情况进行考核，对生产者（进口商）如何实现这一回收处理目标并不进行规定。因此，目标管理制度可以与基金制度、押金返还制度等制度配合使用，以缴纳回收处理基金或实行押金返还等为手段完成政府确定的回收处理目标。

目标管理制度主要运用行政管制的方式来规范生产者的回收处理行为，需要政府事前设定硬性指标、事后对企业的绩效进行审核，这一制度易于操作和实施，在科学设定回收处理目标的前提下能够较好地降低企业无序生产和废弃物随意排放产生的负外部性，能够激励生产企业将外部性问题内部化。

## 二、基金制度

基金制度是指由产品的生产者（进口商）根据产品生产情况向政府部门或特定第三方机构缴纳全部或部分产品废弃后的回收、处理及再资源化的费用，并专项用于废弃物回收利用的一项废弃物管理制度。基金制度属于预付费制度，生产者（进口商）在产品生产阶段便缴纳产品废弃后的回收处理费用，是生产者（进口商）履行延伸经济责任的一种 EPR 具体制度安排。

基金制度是由政府或第三方非营利机构主导的环境管理制度，在此制度下，政府或基金管理机构向生产企业征收回收处理基金，并对符合要求的回收处理企业给予基金补贴，相关机构应当事先测算好基金的征收和补贴标准，才能有效激励生产企业开展生态设计，同时引导回收处理企业提高废弃物的回收利用率。这一制度的行政管理成本相对较高，对政府把握市场行情、获取信息的要求较高。生产企业支付回收处理基金的做法相当于对其征收了庇古税，能够使企业的生产决策向社会最优产量靠近，减少边际社会成本，但容易出现企业缴纳了基金费用后没有动力参与废弃物的回收处理过程等问题。

## 三、押金返还制度

所谓押金是质押担保的一种形式，是一方当事人将一定费用存放在对方处保证自己的行为不会对对方利益造成损害，如果造成损害的可以以此费用据实支付或另行赔偿。在双方法律关系不存在且无其他纠纷后，则押金应予以退还。

为减少固体废弃物污染产生，一些国家和地区在废弃物回收领域引入押金返还制度（deposit refund system，DRS）作为一项废弃物管理制度。具体指消费者在购买产品时，额外支付一定数额的押金，产品到达生命周期末端后，消费者只有将废弃物返还给销售者或者指定回收者才能退还押金，否则押金不予退还。

押金返还制度按照押金征收的强制与否，可分为政府强制征收和企业自主开展两种类型：

（1）政府强制征收类押金。

一般是针对环境危害性大的产品如铅酸蓄电池、废旧农药瓶、荧光灯等。为防止消费者随意丢弃或处置，政府以法规的形式要求生产者在销售产品时建立押金征收和返还体系，通过实行押金返还制度实现废弃物的回收和合理处置。

（2）企业自主征收类押金。

一般是针对快速消费品中的可循环利用产品，如玻璃啤酒瓶、酸奶瓶等。生产企业为降低产品生产成本，在产品销售时对可循环利用的产品部分征收押金，在消费者退回时予以返还，以达到对产品可循环利用部分进行回收和循环利用的目的。

押金返还制度存在押金的征收和返还两项关键步骤，是一种双层作用系统，其效果类似于在消费时对废弃产品征税以实现源头削减，在废弃产品回收时进行补贴以确保资源循环利用，可以看作是预收处理费和循环补贴制度的结合。但该制度避免了预收处理费制度和循环补贴政策各自的不足之处，与预收处理费相比，押金返还制度避免了过度抑制生产的低效率，因为征收押金不影响产品的实际价格，对生产的负面影响较小；与循环补贴政策相比，押金返还制度又避免了接受补贴可能造成的过度消费、过度废弃的不良后果，并降低了政府的财政负担。押金返还制度也能起到降低负外部性的作用，且能降低政府面临的信息成本和监管成本。在该制度下，消费者为获得押金返还有动力去减少负外部性行为而无须第三方监管，这种行为主体和责任的转移有效降低了交易成本。

# 四、其他制度

## （一）生态设计制度

生态设计制度是指在产品设计开发阶段，系统采用有利于产品使用和废弃后回收、处理、再生利用的生态化设计，以达到减少产品生产、销售、使用、回收、处理等各个环节环境影响的一项具体EPR制度安排，是落实生产者向上责任延伸的一项具体制度。主要包括原料轻量化设计、单一化和无害（低害）化设计、延长寿命设计、模块化设计、易维护设计、绿色包装设计、节能降耗设计、循环利用设计等。

有些观点认为，生态设计被认为是推行EPR制度的结果，认为正是由于推行了EPR制度，生产者为了降低产品消费废弃后的回收利用责任自然会在设计环节进行生态设计。但从国内外实践看，EPR制度推行并不一定会导致生产者对产品生态设计，因为生产者对废弃物回收利用责任的实现是一个复杂的体系，信息反馈回路机制并不完善，特别是在生产者承担不完全责任条件下，生产者出于理性经纪人考虑，有可能选择不进行生态设计，因为生态设计也是要付出成本的。

生态设计适用于所有产品，主要通过国家对企业生态设计提出明确要求，制定出台各类产品的生态设计标准、生态设计指南等法律法规或行业标准等方式加以推行。

## （二）环境影响信息公开制度

环境影响信息公开制度是指政府通过法律法规强制生产者向社会或者废弃物特定回收利用企业公开关于产品的原材料组成、产品结构、拆解要点、原料再生利用方式等，便于产品废弃后回收利用与再生利用的一项具体EPR制度安排，旨在促进第三方机构对废弃物的回收和再生利用。

信息公开制度适用于所有产品，主要通过国家在有关法律、法规或管理办法中加以规定，同时制定出台分品种的信息公开标准和具体要求。

### （三）再生原材料推广使用制度

再生原材料推广使用制度是指在不降低产品质量和性能的前提下，鼓励生产企业加大再生原料的使用比例，从而提高废弃物循环利用率，降低产品生产对原生资源依赖和对环境破坏的一项具体EPR制度安排。

再生原料推广使用制度适合除食品包装外的大多数产品，可以通过相关法规或管理办法强制生产企业使用最低比例的再生原料，分产品类别制定再生原材料最低使用标准，也可以通过对生产者使用再生原材料行为进行鼓励引导的方式推行。

### （四）环境税收制度

这里所说的环境税收制度特指在产品生产环节，对生产者征收产品废弃后环境损害补偿费用的一项具体EPR制度安排，其实现方式是通过税收形式实现的。环境税收制度类似于基金制，都是生产者经济责任延伸的一项制度安排，但不同的是基金制是专款专用，管理上也分为政府管理和市场化管理两种类型，而环境税是由政府征收使用，实行的是统收统支，收支两条线的管理模式。

环境税制度广泛适用于各类产品，主要是通过政府税法的形式强制生产企业缴纳，该制度有利于调节企业的环境排放行为，但对企业废弃物管理政策影响并不直接，在国内外实践中用于废弃物管理的实践较少。

## 五、小结

目前，在各个国家和地区的 EPR 制度实践中，EPR 制度的主要实现途径包括目标管理制度、基金制度和押金返还制度，这三种制度的适用条件、作用机制和运行效果有所不同，生产者履行延伸责任的方式也不尽相同，政府参与的程度和发挥的作用也存在差异，在实践中需要根据废弃物管理的具体目标需求对其进行合理选择和组合使用。

# 第五章　基金制度

　　本章对基金制度的概念、内涵进行分析，对基金制度在废弃产品无经济价值的单一利用体系和有经济价值的二元利用体系下的运行机制、费率测算进行对比分析。在此基础上，对基金制度政府强制和市场自发的两种推行方式进行阐述，最后对中国台湾和日本的典型基金制度进行分析，旨在让读者对基金制度的推行有全面的认识。

## 第一节　基金制度概念

### 一、基金制度的内涵

#### （一）基金制度的定义

基金制度是指由产品的生产者（进口商）根据产品生产情况向

政府部门或生产者责任组织（Producer Responsibility Organizations，PROs）① 缴纳全部或部分产品废弃后的回收、处理及再资源化的费用，并专项用于废弃物回收利用的一项废弃物管理制度，是生产者（进口商）履行延伸经济责任的一种 EPR 具体制度安排。

## （二）基金制度的内涵

废弃物的排放具有典型的负外部性特征，为治理废弃物排放带来的环境危害，需要对废弃物的排放行为进行规范，以达到外部成本内部化的目的。

在产品生产阶段对产品生产者（进口商）征收产品废弃后的回收处理基金，要求产品生产者（进口商）承担由其产品报废后引起的环境外部成本，是庇古税的具体应用，只是将管制环节由污染物排放环节前置到产品生产环节，要求生产者（进口商）对其生产（进口）的产品废弃后的处理成本和环境成本付费，承担其产品消费后废弃阶段的环境管理责任。废弃物处理费用将全部包含在生产者的成本中，通过合理设定基金额使生产者的边际成本上升，实现外部成本的内部化。

基金制度属于预付费制度，由政府或生产者责任组织（PROs）向生产者（进口商）征收报废产品处置基金，待产品废弃后由政府或生产者责任组织（PROs）对基金进行管理，对报废产品进行回收、拆解、再利用和再资源化的企业给予一定的补贴。在这个过程中，基金的征收和使用是随着产品全生命周期而实现的。

---

① PROs 是一个非营利性组织，负责基金征收和管理，并对获得的各厂商提交的销售数据等采用隐私保护措施。

### （三）基金制度的政策目标

基金制度实施的核心政策目标是为废弃产品的回收处置和再资源化提供资金支持，以弥补废弃产品回收处置企业的生产成本，使这些企业能够获得行业平均利润，从而有动力从事废弃产品的回收处置，确保废弃产品能够得到有效回收和合理处置与利用，避免给环境造成污染和资源浪费，同时使废弃物回收处置成本由政府财政负担转向产品生产者负担。

通过基金制度的合理设计和有效运行，会有以下几个衍生政策目标：

一是倒逼生产者开展生态设计。基金制度的实施，可以达到调节企业生产行为的目的，促使企业在产品生产环节就充分考虑产品废弃后的环境责任，从而采取措施减少产品废弃后的环境影响或回收处置成本。例如，通过差异化的基金费率设计，对主动采用生态设计的企业，如减少有毒有害物质使用、更多的使用再生原材料、采用便于回收的结构化设计等，可减少对其征收的基金费率。这种差异化的费率设计，有助于在基金制度实施过程中产生正向反馈，激励企业更好地开展生态设计，生产更多生态环境友好型产品。

二是构建专业化回收处置体系。基金制度在具体实施过程中，无论是政府主导模式还是市场化运作模式下，生产企业普遍会委托第三方专业回收处理企业对废弃物进行集中回收和资源化利用，支持第三方专业机构加大对废弃物回收利用项目和设施的投入，避免单一生产企业（进口商）单独建立回收处置体系的高昂成本，提高废弃物回收处置效率，从而有助于构建起专业化的废弃物回收处置体系。

三是规范废弃物回收处置行为。基金制度实施过程中，无论是政府管理模式还是生产者责任组织（PROs）管理模式，政府或生产者责任组织（PROs）都会对享受基金补贴的企业设置一定的准入条件，同时对企业的回收利用行为进行监督，有助于引导废弃物处置利用向规范的拆解企业集中，规范废弃物回收和处置行为，避免"小、乱、污"企业不规范回收处置对环境造成"二次污染"。

## 二、适用范围及条件

### （一）适用范围

从发达国家的经验来看，基金制度在欧洲起步时，首先是从包装废弃物开始，然后再扩展到家电产品、电子通信产品等再资源化程度较高的产品，适用范围比较广泛，具体品种包括空调、冰箱、洗衣机、计算机、手机、汽车、电池、轮胎、荧光灯等。

根据产品的特性可以分为以下四类：

第一类，包装类废弃物。主要是饮料的一次性外包装盒、运输包装、农药包装等，如德国就明确立法要求包装物的生产商和销售商（包括零售商）负有回收包装物的责任，其不仅要回收包装物，还必须使包装物回收满足标准，从而避免或降低包装物废弃后所导致的环境影响。

第二类，电器电子废弃物。电器电子产品是各国 EPR 制度关注的主要产品类别之一，主要包括电视机、洗衣机、电冰箱、房间空气调节器、电脑、手机、小家电等常见电器电子产品，覆盖产品类别较为广泛。

第三类，报废汽车。一般要求汽车的首位购买者要向指定机构缴纳一定金额的回收处理基金，消费者在汽车报废时将报废汽车交给指定的回收企业的，可以申请退还缴纳的处理基金，对于积累的基金则主要用于支持废机油等汽车拆解有害物质的环保处置。

第四类，电池、轮胎等其他废弃物。主要包括电池、轮胎、荧光灯、废油、废旧铅酸电池等，这些产品属于有害废弃物，含有有毒有害物质，直接废弃将对环境造成破坏，会导致土壤有毒成分浸出或释放有毒有害气体，危害人体健康。

## （二）适用条件

基金制度的适用产品比较广泛，适用条件也比较宽泛，大多数产品都能满足。在具体考虑时，主要包括以下几个条件：

一是生产者和上市时间能够识别。由于实施基金制度需要生产者承担经济责任，缴纳产品回收处理基金，因此必须能清晰识别产品的生产者（或进口商）和生产日期。因为基金的缴纳一般是按照一定时期内生产者（含进口商）所生产或进口的产品数量进行征收，生产日期的清晰划分是区分基金制度实施前后新产品和历史产品判定的依据。

二是产品回收处理成本较高。只有当产品废弃后处理成本（包含回收成本、运输成本、拆解处理成本、环保成本等）较高时，产品再利用价值（再使用、再生原材料价值）较低，单纯依靠市场主体自发行为无法从废弃物回收处置中获得基本的经济收益时，废弃物的回收处置将无人问津，这样就需要通过实施基金制，让生产者（含进口商）缴纳一定的废弃物回收处置基金，并对回收处置行为进行补贴，从而使回收处理行为变得有利可图。

三是产品处于正常繁荣周期。新上市产品数量和废弃产品数量应保持基本平衡。基金的征收和支付一般是按照生产企业产品产量和回收处理企业处置量来计算的，如果产品处于快速增长期，如目前的电动汽车还未进入报废期，征收基金将会出现大量的积存；或者产品处于衰退期，如电话座机，社会保有量大，废弃量短期会较大，但新产品销售量非常少，历史积存量会致使基金收不抵支，因此产品新上市的数量要与社会废弃量保持基本平衡。

四是最终管理的成本相对可控。要求选择的产品产业集中度较高，便于基金制度的实施和监督管理，确保管理成本在总成本中的比重不能过高，否则基金制度的实施效果将大打折扣。

## 三、小结

基金制度作为生产者责任延伸制度中经济责任延伸的一种具体制度安排，目前被很多发达国家和地区普遍采用，并广泛应用于包装废弃物、电子废弃物、报废汽车、废旧电池、废旧轮胎等废弃物的管理中，具有较强的环境适应性和制度灵活性。其目的是倒逼产品生产企业开展生态设计，规范废弃产品回收处置，以最大化减少产品废弃后的环境危害。但其一般适用于市场自发回收处置时，收益难以弥补成本，需要生产者对回收利用行为进行一定资金支持的品种，同时还需要产品生产者能够精准识别，使产品生产和废弃处于相对平衡状态。

## 第二节  基金制度的运行机制

## 一、基金制度运行机制

### (一) 单一利用体系下基金制度的运行

前面我们分析了，一些废弃物在一定的经济技术条件下是有经济价值的，一些废弃物在一定的技术经济条件下是没有经济价值的。对于没有经济价值的废弃物，厂商没有自主开展废弃物回收处置和利用的动力，只有实施基金制度以后，对废弃物回收处置行为进行合理补贴，才能使这种回收处置行为得以持续。

因此，在废弃物没有经济价值的市场条件下，将会形成由基金制度链接形成的单一废弃物回收利用体系。在这一体系下，消费者按照一定价格支付给生产者，生产者将产品销售给消费者，含有处理基金的价格由消费者流向生产者，生产者再将废弃物处理基金交给政府或生产者责任组织（PROs），政府或生产者责任组织（PROs）按照一定的标准将基金补贴给废弃物处理企业，形成了资金的循环流动；消费者消费后废弃物免费（或付费）提供给废弃物回收企业，回收企业将废弃物交售给处理企业，处理企业再将废弃物拆解处理后的再生原料销售给生产者再用于产品生产，构成闭合的物质循环体系（见图 5－1）。

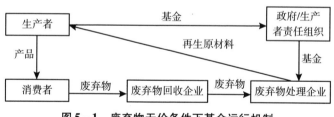

图 5－1　废弃物无价条件下基金运行机制

## （二）二元利用体系下基金制度的运行

在废弃物具有经济价值的市场条件下，市场自发形成了完善的废弃物回收处置利用体系，上游主体是按照价格高低向下游销售废弃物的。由于自发从事废弃物回收处置利用的企业众多，有时还有众多的个体从业人员，管理难度极大。因此，政府推行基金制度时，只能按照一定的准入条件，对符合条件的回收和拆解企业给予基金补贴,这样就会形成享受基金补贴的正规的废弃物回收和拆解企业和非正规的废弃物回收企业和拆解企业。

在这种二元利用体系下,消费者会依据价格的高低将废弃物出售给正规回收企业或非正规的回收企业,废弃物可能从正规回收企业流向正规处理企业,也可能从非正规回收者流向非正规处理企业或者正规处理企业,再利用企业将加工所得的再生原料销售给产品生产者,形成二元利用体系并行的复杂回收利用系统。同时,产品生产者向政府或生产者责任组织(PROs)缴纳一定的废弃物处理基金,政府或生产者责任组织(PROs)再将基金补贴给正规拆解企业(见图5-2)。

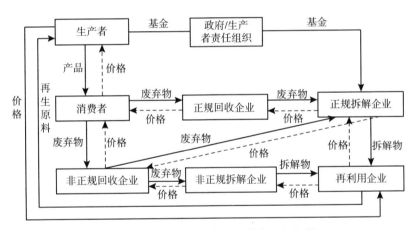

图5-2 废弃物有价条件下基金运行机制

在这一体系下,正规回收企业和拆解企业需要给出更有竞争力的价格才能从消费者和非正规回收者处得到废弃物进行加工处理。但是,由于废弃物有价市场条件下,从事废弃物回收和拆解处置的企业众多,政府实际上无法对所有企业和回收者特别是个体户进行有效监管,这往往导致非正规回收企业和拆解企业会有更低的环境保护成本和更高的拆解加工收益,即使政府对正规拆解企业进行补贴，也无法完全消除非正规回收拆解企业的存在。

## 二、基金费率测算模型

### （一）基金征收与补贴模式

1. 基金征收模式

基金制是一种预付费模式，其收入主要来源于向承担生产者延伸责任的企业征收的废弃物处理费用，此外还有一小部分来自基金上年度的结转（包括利息收入）。

基金征收模式主要有两种：公告固定费率征收模式和无公告费率征收模式。

公告固定费率征收模式：以回收处理成本为依据，计算单位产品售出时所需征收的回收处理费用，不需要定期核算征收费率，能简化基金管理机构任务。公告固定费率征收模式又分为向生产商收费和向消费者收费两种。向生产商收费是指基金管理机构核定好征收费率之后，依据生产商申报的产品销售量征收基金，这种模式的典型代表是中国台湾地区。向消费者收费是在计算费率时，首先将征收的回收处理费用计入新产品的销售价格中，在消费者购买新产品时征收，这种模式的典型代表是瑞士。

无公告费率征收模式：该模式的征收对象是生产者（进口商），具体由生产者（进口商）向基金管理机构提供产品销售数据，基金管理机构先计算下一年所有废弃产品回收处理需要的总费用，同时估算出下一年度补贴所需费用总额，再依照市场占有率向各生产者

（进口商）分摊，该模式以德国为典型代表①。

2. 基金补贴模式

基金的使用主要有两个方面：一是对拆解处理企业进行补贴，二是用于支付基金管理的行政成本，其中基金管理成本所占比例较低，多数发达国家的管理效率较高，平均管理成本可低至基金总额的10%以下，其余用于对回收处理企业的补贴。

基金补贴的模式可分为统一费率补贴和竞争费率补贴两种模式。

统一费率补贴模式：是指基金管理机构根据不同产品的回收处理成本提前测算所需成本，并制定统一的补贴标准，而后根据各回收处理企业的实际回收处理数量拨付补贴金额的做法。统一费率补贴的典型代表为日本和中国台湾。

竞争费率补贴模式：市场中的回收处理企业需要经过竞标确定是否能获得基金补贴，政府或基金管理机构根据市场原则，按照竞标补贴标准较低的标准遴选回收处理企业，典型代表为瑞典的分区竞争模式和德国的全国竞争模式②。

## （二）基金补贴费率测算

### 1. 支付矩阵

如图5-3所示，假定征收所得基金已确定，政府（或基金管理机构）需要将处理废弃物的基金补贴G下拨给废弃物拆解处理企业和回收企业。为分析简便，我们在这里只考虑政府将回收处理补贴费用全部补助给拆解处理企业，在完全竞争市场中，这种补贴会以价格形式依次传递给废弃物回收企业和消费者。但实际在运行中，有些国家会对拆解处理企业和回收企业分别测算和拨付一定金

① 李博洋、李金惠、刘丽丽：《部分国家和地区处理基金比较研究》，载《电器》2010年第7期。
② 许江萍：《中国废弃电器电子产品处理基金研究》，中国市场出版社2011年版，第428页。

额的基金补贴。

在拆解处理环节和回收环节中，企业将一部分处理基金用于提高回收价格，另一部分用于增补利润。其中，G 为处理环节企业可支配的处理基金，$K_1G$ 是用于提价回收产品的部分，$K_1$ 是处理企业对回收企业的补贴率，（$1-K_1$）是处理企业用于增补利润的比例，$K_1 \in$（0，1）；$G_2$ 是回收环节企业可支配的处理基金，其中 $K_2G_2$ 用于提价回收产品的部分，$K_2$ 是回收企业对消费者的价格补贴比例，（$1-K_2$）用于增补回收企业自身利润，$K_2 \in$（0，1）。

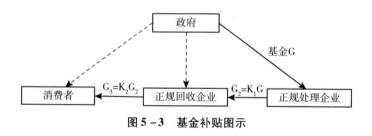

**图 5-3　基金补贴图示**

首先，对于废弃物拆解处理企业来说，其拆解处理废弃物所产生的利润函数如公式（5.1）所示：

$$\pi_1 = (R_1 + G_1) \times Q_1 - CF_1 - CV_1 - (P_1 + K_1G_1) \times Q_1$$
$$= (R_1 + (1 - K_1)G_1 - P_1) \times Q_1 - CF_1 - CV_1 \qquad (5.1)$$

其中，$R_1$ 为废弃物拆解处理企业单位产品拆解销售收入；$G_1$ 为拆解处理环节企业可支配的处理基金，其中 $K_1G_1$ 是用于提价回收废弃产品的部分，$K_1 \in$（0，1）；$CF_1$ 为固定成本，$CV_1$ 为可变成本，$P_1$ 补贴前行业的采购价格；$Q_1$ 为处理量。

其次，对于废弃物回收企业来说，其回收废弃物所产生的利润函数如公式（5.2）所示：

$$\pi_2 = (P_1 + G_2) \times Q_2 - CF_2 - CV_2 - (P_2 + K_2G_2) \times Q_2$$
$$= (P_1 + (1 - K_2)G_2 - P_2) \times Q_2 - CF_2 - CV_2 \qquad (5.2)$$

其中，$P_1$ 为回收企业销售单位产品的收入，也是拆解处理企业的采购价格；$G_2$ 为回收环节企业可支配的处理基金，其中 $K_2 G_2$ 用于提价回收废弃产品的部分，$K_2 \in (0, 1)$；$CF_2$ 为固定成本，$CV_2$ 为可变成本，$P_2$ 是补贴前回收行业的采购价格；$Q_2$ 为回收量。

最后，对于消费者来说，其收益等于把废弃物卖给废弃物回收企业所得的收益减去其保留价格对数量的积分，如公式（5.3）所示：

$$\pi_3 = (P_2 + G_3) \times Q_3 - \int_0^Q CPP(x)dx \qquad (5.3)$$

其中，$Q_3$ 为消费者将废弃物卖给废弃物行业的数量，$CPP(x)$ 为消费者在卖第 x 单位商品时的保留价格。

相关基金之间的关系如公式（5.4）、公式（5.5）和公式（5.6）所示。

$$G_1 = G \qquad (5.4)$$

$$G_2 = K_1 G_1 = K_1 G \qquad (5.5)$$

$$G_3 = K_2 G_2 = K_1 K_2 G \qquad (5.6)$$

2. 费率测算

（1）废弃物无价条件下基金补贴费率测算模型。

在以生产者为征收对象的公告固定费率征收模式下，政府向生产者征收相应的固定费率基金，政府将所征基金直接或委托生产者组织分配给废弃物拆解处理企业，在单一回收利用市场体系下，不存在非正规企业和二手市场，所有废弃物均通过正规渠道进行处理利用，此时的废弃物没有经济价值。废弃物无价条件下基金的流向如图 5-4 所示。

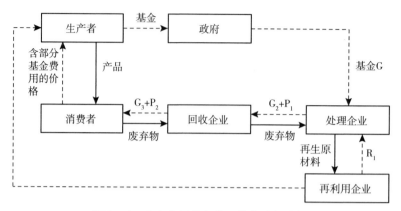

图 5-4 废弃物无价条件下基金流向分析

参与者以自身利益最大化为目标，接下我们对废弃物拆解处理企业、回收企业和消费者的利润函数，也就是公式（5.1）、公式（5.2）、公式（5.3）分别求导，得到其最优解，如公式（5.7）、公式（5.8）、公式（5.9）所示。

$$\frac{\partial \pi_1}{\partial Q_1} = R_1 + (1 - K_1)G_1 - P_1 - CV_1' = 0 \tag{5.7}$$

$$\frac{\partial \pi_2}{\partial Q_2} = P_1 + (1 - K_2)G_2 - P_2 - CV_2' = 0 \tag{5.8}$$

$$\frac{\partial \pi_3}{\partial Q_3} = P_2 + G_3 - CPP(Q) = 0 \tag{5.9}$$

联立公式（5.4）~公式（5.9），将相关数据代入即可求得政府下拨的基金额度 G 以及对应基金补贴费率 $K_1$ 和 $K_2$。

$$G = CV_1' + CV_2' + CPP(Q) - R_1 \tag{5.10}$$

$$K_1 = \frac{CV_2' + CPP(Q) - P_1}{CV_1' + CV_2' + CPP(Q) - R_1} \tag{5.11}$$

$$K_2 = \frac{CPP(Q) - P_2}{CV_2' + CPP(Q) - P_1} \tag{5.12}$$

（2）有价废弃物处理基金的补贴费率测算模型。

在二元回收处置利用市场体系下，废弃物是有经济价值的，消费者会依据价格高低将废弃物贩卖给正规回收企业或非正规回收企业，非正规回收企业对废弃物的处置经过三条渠道进行，即二手市场、非正规处理企业以及正规处理企业；正规回收企业对废弃物进行正规回收处理。

在以产品生产者为征收对象的公告固定费率征收模式下，政府向生产者征收相应的固定费率基金，政府将所征基金直接或委托生产者组织分配给正规废弃物拆解企业，再由正规拆解企业以废弃物购进价格加价的形式转移一部分至废弃物回收企业，废弃物回收企业也会将基金补贴的一部分以价格的形式转移给消费者，从而实现基金在相关主体之间的流转。其具体流向如图5-5所示。

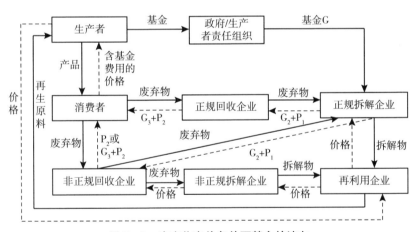

**图 5－5　废弃物有价条件下基金的流向**

政府以社会效用最大化为政策目标。非正规处理企业和二手市场对废弃物的处置行为不规范，有可能会引起二次污染，为规范市场操作，政府的基金补贴行为要使得所有废弃物均通过正规处理企业加以妥善处置，这就要求正规处理企业从非正规回收企业处购买废弃物的价格不低于非正规处理企业和二手市场的回收价格，即公式（5.13）成立。同时，若废弃物经由消费者进入非正规回收企业，也存在进入非正规处理企业和二手市场的风险，因此应该做到所有废弃物均经过正规回收企业进入正规处理企业，这就要求正规回收企业的回收价格不低于消费者的心理预期的最高价格，这就要求公式（5.14）成立。

$$P_1 + G_2 \geqslant \max\{S_p, N_p\} \tag{5.13}$$

$$P_2 + G_3 \geqslant \max CPP(Q) \tag{5.14}$$

公式（5.7）、公式（5.8）、公式（5.9）在此同样适用，联立公式（5.4）~公式（5.14）即可求解二元市场体系下的最优基金额度 G 以及对应基金补贴费率 $K_1$ 和 $K_2$。

$$G = CV_1' + CV_2' + CPP(Q) - R_1 \tag{5.15}$$

$$K_1 = \frac{CV_2' + CPP(Q) - P_1}{CV_1' + CV_2' + CPP(Q) - R_1} \tag{5.16}$$

$$K_2 = \frac{CPP(Q) - P_2}{CV_2' + CPP(Q) - P_1} \tag{5.17}$$

$$\text{且 } CV_2' + CPP(Q) \geqslant \max\{S_p, N_p\} \tag{5.18}$$

## （三）基金补贴水平对企业的影响

为分析简便，我们假设在短期内废弃物拆解处理企业的生产规模和生产工艺不变，即短期内企业生产成本不变。令 SMC 为边际成本、SAC 为平均成本、SAVC 为平均可变成本、MR 为边际收益、S 为拆解物收入、P 为价格、G 为基金补贴。

1. 基金补贴对单一企业短期影响

不同基金补贴水平对废弃物拆解处理企业短期影响较大，直接关系到企业是生产还是停产，是盈利经营还是亏损经营。

废弃物拆解处理行业具有较强的资源环境效益，公益性属性突出，但该行业成本高、收益低，完全依靠企业自身力量很难实现盈利，行业普遍处于亏损经营状态，即 $MR < MR_1$。政府为促进废弃物有效回收处置，避免由废弃物随意排放带来的环境污染，通过向产品生产者征收处理基金的方式筹集资金，并专项用于废弃物回收拆解处置。

如图 5-6 所示，假设政府给予的基金补贴水平为 $G_3$，此时拆解处理企业的边际收益 $MR = MR_3$，短期边际成本大于短期平均成本（$SMC > SAC$），既在享受处理基金补贴 $G_3$ 后，拆解处理企业处于盈利经营状态，此时的均衡产量为 $G_3$。同时，政府可以通过调节基金补贴水平，来调控拆解处理企业盈利水平，当补贴水平介于 $G_3$ 与 $G_2$ 之间时，拆解处理企业仍处于盈利经营状态，但盈利总额将会随着补贴水平的降低而降低；当补贴水平恰好在 $G_2$ 时，拆解处理企业处于短期均衡状态，均衡产量为 $Q_2$，当补贴水平小于 $G_2$ 大于 $G_1$ 时，即 $MR_1 < MR < MR_2$ 时，企业虽短期内处于亏损经营状态，但由于平均收益大于平均成本（$AR > AVC$），企业仍会选择继续生产。政府给予不同的基金补贴标准，会使拆解处理企业处于不同经营状态，会带来不同的均衡产量。

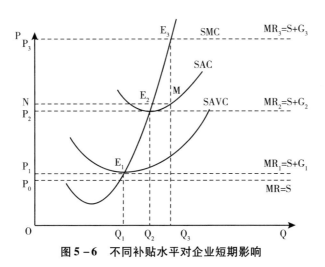

图 5-6　不同补贴水平对企业短期影响

2. 基金补贴水平对不同规模企业短期影响

不同基金补贴水平对不同规模的拆解处理企业短期影响较大，直接关系到经营企业数量、行业集中程度、竞争程度等。

如图 5-7 所示，A 类企业为成本较高、规模较小的企业，C 类为成本较低、规模较大的企业，B 类企业成本和规模介于 A 类和 C 类之间。$SMC_4$、$SMC_5$、$SMC_6$ 是行业内 A 类型、B 类型、C 类型企业的边际成本。$G_4$、$G_5$、$G_6$ 为不同的基金补贴费率，且 $G_4 > G_5 > G_6$。

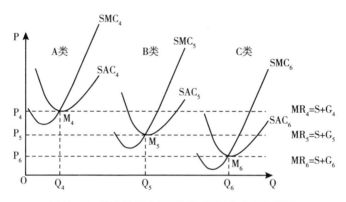

图 5-7　基金补贴水平对不同规模企业短期影响

从短期均衡来看，补贴标准高低与不同规模企业盈利多寡呈正相关关系，即基金补贴标准高时，各种规模企业短期均盈利能力增强，基金补贴标准低时，各种规模企业短期均盈利能力减弱，可能只有成本较低的大型企业才能够实现盈利。

基金补贴水平 $G_4$、$G_5$、$G_6$ 分别为 A 类企业、B 类企业和 C 类企业的短期均衡点。

当处理基金补贴较高时，即 $G > G_4$，此时 A、B、C 三类企业短期都能盈利，全行业生产积极性高涨，会吸引新企业进入行业。但由于 A 类、B 类、C 类三类企业成本差异，在相同补贴水平下，

C 类企业利润相对较高，具有较强的竞争优势，B 类企业次之，A 类企业利润相对较低，在三类企业竞争中处于相对劣势地位。

当基金补贴水平下调时，即 $G_4 > G > G_5$，此时 A 类企业处于短期亏损经营状态，而 B 类企业和 C 类企业均处于短期盈利状态。若 A 类企业不通过改变生产工艺、扩大规模等方式降低成本，在市场竞争中将面临淘汰风险；B 类和 C 类企业盈利水平对比下调前的水平或将下降。

当处理基金补贴再次下调时，即 $G_5 > G > G_6$，此时 A 类企业和 B 类企业处于亏损经营状态，只有 C 类企业处于盈利状态。若处理基金下调后，企业的边际收益小于变动成本，企业将关闭，产业集中度提高。

当基金补贴水平继续下调时，即 $G < G_6$，对于此时企业的收入与基金补贴，C 类企业也将出现亏损，面临企业全面撤离行业的风险。

3. 基金补贴水平对行业长期均衡影响

长期来看，拆解企业可以通过调整生产要素的投入，调整生产规模或改变行业中企业的数量来消除亏损，以便在一定产量上能处于生产要素的最优组合状态。这就是说，长期中，企业将自我调整规模，根据长期成本选择利润最大化产量。

具体来说，如图 5 - 8 所示，当拆解企业初期规模较小、成本较高，在现有基金补贴水平 G 下，拆解企业的边际收入与 $SMC_7$ 交于点 $M_7$，此时 $SMC_7 < SAC_7$，企业处于短期亏损状态。由于政府政策在一定时期内具有一定的稳定性，在短期时间内不会调整基金补贴额度，因此企业若想生存，必须降低成本。假设企业通过扩大规模、改进技术工艺等方式扩大规模、降低成本后，企业的短期均衡曲线将向右下方水平移动，此时边际收益与 $SMC_8$ 交于 $M_8$ 点，企业处于盈利状态。

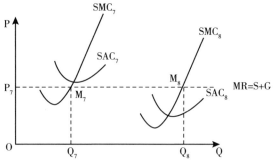

图 5-8 基金补贴水平对长期均衡影响

当企业扩大规模改善成本后仍无法扭亏为盈，则面临被淘汰的风险，行业内部实现优胜劣汰。若政府降低基金补贴水平 G，将加速淘汰那些小规模、高成本且无法扩大规模、无法改善成本的企业。

## 三、小结

基金制度的运行一般是由政府或专业的第三方机构按照政府确定的或协商确定的征收标准向生产者和进口商征收基金，并专门用于产品废弃后的回收处置。在废弃产品无经济价值的单一回收利用体系下，基金制度的运行和补贴费率的确定较为简单，主要是由废弃产品的回收处置成本决定。但是在废弃产品有经济价值的市场条件下，基金制度的运行和基金补贴费率除了受废弃产品回收处理成本的影响外，还会受到消费者出售废弃产品的价格意愿、非正规回收处置企业购买价格等的影响，基金制度的运行会变得十分复杂。同时，不同的基金补贴水平对提高行业集中度、促进企业技术进步也有一定的调节作用，需要政府根据政策目的合理确定。

## 第三节  基金制度的推行方式

目前，基金管理运行方式按照市场化程度不同分为政府主导型基金管理运行方式和市场主导型基金管理运行方式两类。

### 一、政府主导型基金管理运行方式

政府主导型基金管理运行方式下，政府有关部门是基金管理机构，由政府有关部门确定基金征收范围、征收标准，并负责基金的具体征收，统一纳入财政专款管理。政府有关部门确定补贴的环节、补贴标准，享受基金补贴资格的企业名单，企业回收处理的具体数量，并负责补贴资金的具体发放。如中国目前正在施行的废弃电器电子回收处理基金制度，就是由国家发展改革委、财政部、生态环境部、国家税务总局、海关总署等国家有关部门，按照职能分别负责基金产品目录制定、基金的征收、管理和支付等相关工作（见图5-9）。

根据中国施行的《废弃电器电子产品回收处理管理条例》和《废弃电器电子产品处理基金征收使用管理办法》，中国于2012年四季度正式开始实施政府主导型的废弃电器电子产品处理基金制度。最初，对电视机、电冰箱、洗衣机、房间空调器和微型计算机这五类产品实行基金制度，这些电器电子产品的生产者、进口产品的收货人或代理人需按季申报并缴纳基金。国家税务局和海关总署分别负责征收国内电器电子产品生产商和进口商需要缴纳的基金，基金全额上缴国库，纳入中央政府性基金预算管理，实行专款专用。生态环境部（原环境保护部）负责确定基金补贴资质企业名单，并对企业拆解数量进行具体核定，财政部根据生态环境部核定的企业实际完成的拆解处理的废弃电器电子产品种类、数量和补贴标准向资质拆解企业支付补贴资金。

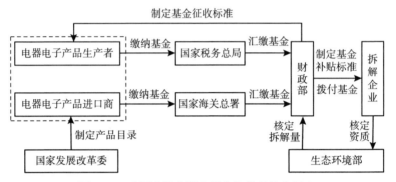

**图 5 - 9　中国废旧电器电子产品处理基金制度**

这种以政府为主导的基金运行管理模式，在推行过程中由政府部门以法规的形式强制推行，相关企业无条件接受，因此政策制定和推行效率较高。但存在着政府各部门沟通协调周期长、政策协调度和灵活度不够、基金使用效率较低等问题，还会形成生产企业（含进口商）"缴纳基金了事"的现象，企业（含进口商）只需承担基金缴纳的义务，而没有其他实际行动的激励和约束机制，在废弃产品回收处理环节仍是政府负主要管理责任。

## 二、市场主导型基金管理运行方式

市场主导型基金管理运行方式下，基金的管理是由行业组织或生产者和回收处理者组成的专门公司等第三方运营管理机构承担。由第三方专业机构按照政府确定的产品推行范围，向产品生产企业

（含进口商）征收基金，并负责基金的管理和具体补贴的发放等工作（见图 5-10）。

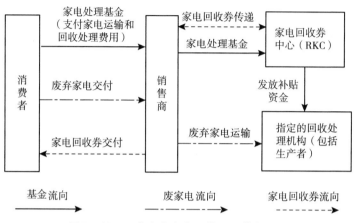

图 5-10 日本废弃家电回收处理基金制度

　　日本废旧家电的回收处理体系就属于市场主导型的基金制度，日本家电产品协会设立的家电回收券管理中心（RKC）负责家电处理基金的回收和管理事宜，通过"回收券"制度规范市场其他主体的行为。在该体制下，家电制造商和进口商负有废旧家电的回收处理和再商品化的责任，零售商负有家电回收和运输的责任，消费者要承担家电再商品化的费用，并需将废旧家电交付到指定回收点。家电回收券是废旧家电回收中各个环节的重要凭证和管理依据，消费者将废家电交给零售商时需要填写家电回收券，由消费者和零售商分别自留一联，并将回收券贴在废家电上继续运输，最后由家电回收券管理中心负责家电回收券的回收和信息汇总，废家电的回收过程同时伴随着家电回收券和家电处理基金的流动。日本家电回收的制度有效提高了废旧家电的再商品化比率，大大节约了资源，并使得越来越多的企业注重将回收中获得的信息反馈到生产环节，进而加强产品的生态友好环境设计，在产品设计和制造时将日后拆解、回收再利用等问题考虑在内。

在这一管理运营模式下，生产者（含进口商）参与基金标准的确定和调整，生产者（含进口商）代表参与基金管理，适时监督基金征收和使用情况，回收处理企业也参与基金补贴标准的确定，回收处理者代表参与基金管理，适时监督基金征收和使用情况，建立起生产者（含进口商）、基金管理机构、回收处理者之间相互监督的制衡机制，有助于实现最大化基金征收使用效率。如日本家电制品协会成立的家电再生利用券管理中心（RKC），德国包装业协会成立的非营利组织（DSD），美国国际电池委员会（BCI）。这些专业的基金管理机构都是非营利性组织，其内部成员一般由生产商（含进口商）、分销商、零售商、回收商等多种利益相关者组成，责任分摊机制更加公开透明，机制更加灵活，运行更加高效。

## 三、小结

以政府为主导的基金制度推行方式，在操作上易于推行，但管理成本较高，一般在废弃物产品有经济价值，市场经营主体较为混乱的市场条件下采用这种方式的较多。在发达国家和地区，由于废弃物回收利用市场非常规范，一般采用的是市场主导的基金制度推行方式，由第三方组织负责基金的征收使用和管理，形成生产者、回收者、第三方组织相互制衡、互相监督的治理结构，有助于提高基金的运行效率。因此，各国在选择哪种推行方式需要根据具体的废弃物回收处理市场条件决定。

# 第四节　典型基金制度分析

## 一、中国台湾地区废旧家电基金制度

### （一）台湾地区基金制实施背景

20世纪60年代，中国台湾地区凭借出口导向型战略，重点发展劳动密集型产业，在短时间内实现了经济的迅速腾飞，被誉为"亚洲四小龙"之一。经济腾飞带来人民生活水平提高的同时，也加剧了环境污染问题。1986年"绿牡蛎事件"震惊全岛，电器电子垃圾处理问题引起了政府和社会各界的广泛关注。事件发生后，在岛内环保主管部门的强制干预下，50多家五金工厂被全数拆除，其中的合法从业者被转移至工业区。此后，岛内各界对垃圾随意处置问题进行了深刻反思，1988年11月11日主管部门采纳生产者责任延伸制度（EPR），明确规定物品及其包装，以及容器的制造、输入和贩卖者，应负有清除处理责任。1997年1月1日，结合社区民众、地方清洁队、回收商及回收基金的"资源回收四合一计划"开始执行，全面实施资源回收、垃圾减量的工作，强化回收点设置以畅通回收渠道，由此建立起开放的废弃物回收清除处理体系。自此，台湾地区的废弃物回收处理工作开始由过去的自由市场经济导向，转向"法令管制与市场规范相统一"的阶段。

1997年，台湾地区明确规定电器电子产品制造及其输入业者，必须依核定费率百分之百缴交回收清除处理费，并成立"资源回收管理基金"。同时台湾环保主管部门成立"资源回收管理基金管理委员会"，委员由官员、工商团体代表、学者专家等组成。自从业者缴交资源回收基金以来，目前每年约可收入65亿~70亿元新台币，其中80%为信托基金，信托基金年均支出45亿~50亿元，用于资源回收处理，成效十分显著。台湾地区的废弃家电基金制度在此过程中逐渐萌芽壮大，成为岛内废弃物回收处理的重要制度保障。

## （二）废旧家电基金制管理体系

### 1. 制度缘起

基金制是台湾地区最初实施生产者责任延伸制度的重要政策制度，与目录制度、规划制度和资质许可制度共同构成台湾地区废旧家电回收管理体系，同时也是台湾地区废旧家电回收中最为成熟的政策制度，基金制的雏形可追溯至1997年1月1日开始全面实施的"资源回收四合一计划"。

"资源回收四合一计划"是指社区民众、回收商和地方清洁队共同建立资源回收体系，完善回收渠道及市场制度。该制度涵盖了社区民众、回收商、政府和基金四个并行的角色（如图5-11）。首先，居民将废弃的电器电子产品及其他家庭垃圾进行分类后交给回收队、清洁队和回收商进行处理；其次，回收商参考回收基金管理委员会公告的补贴费率，按照市场价格向居民、小区团体及清洁队或传统回收网络收购废弃产品；再次，政府组织的清洁队向居民收集废弃电器电子产品之后，将变卖后所得价款按照一定比例返还于相应居民及工作人员；最后，为确保废弃产品的回收量，提高回收率，地方政府通过设置回收基金，为民众提供回收奖励金，同时为回收工作的相关从业者提供回收处理的补贴费。该计划集各方力量共同参与岛内的资源回收再利用工作，大大提高了包括废旧家电在内的废弃产品的回收处理水平，在环境保护方面发挥了积极作用，是现行台湾地区废旧家电基金管理体系的雏形。

**图 5 – 11　台湾地区资源回收标志**

2. 制度主要内容

（1）运行机制。

图 5 – 12 展示了台湾地区废旧家电基金制的运行机制。具体而言，首先，负有回收责任的家电制造商、进口商和销售商向环保主管部门登记申报自身的营业量，依据费率审议委员会公布的费率（费率制定具体见下节），向环保主管部门设立的资源回收管理基金委员会指定的金融机构支付废旧家电回收处理费用。其次，稽核认证公正团体评选委员会在建立稽核认证制度的基础上，对废旧家电的资源回收系统和处理机构的实际回收数量进行稽核认证。再次，将废旧家电回收商从地方政府、社区学校、民间团体和销售场所回收的废旧家电送到资源回收工厂进行处置。最后，资源回收管理基金委员会通知金融机构依据基金支付标准、实际回收种类与数量对废旧家电回收商进行补贴。

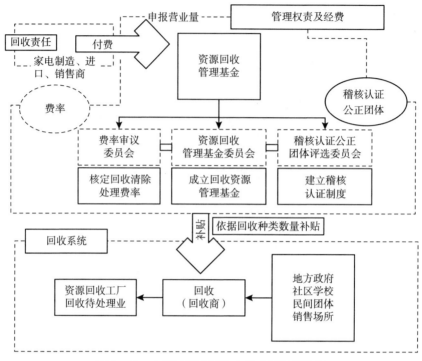

**图5-12 台湾地区废旧家电基金制运行机制**

在回收系统部分，目前台湾地区将废弃物品划分为废电器电子物品和废资讯物品两大类，截至目前，废电器电子物品包括电视、电冰箱、洗衣机、冷暖气机和电风扇，废资讯物品包括笔记型计算机、个人计算机、监视器、打印机、键盘、平板计算机和携带式硬盘。如图5-13所示，这些废弃产品经经销商、制造商、进口商、批发店、旧货店、清洁队及其他回收渠道从消费者手中收回，送至废旧家电的区域收集站进行统一的分类、贮存、拆解和破碎工作，最后由废旧家电处理厂进行分别的处理与处置。

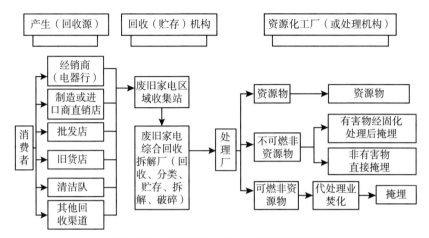

图5-13 台湾地区废旧家电回收处理流程

（2）费率制定。

台湾地区废旧家电回收清除处理费率，是由台湾环保主管部门邀请家电制造商、运输业者和相关学者成立费率审议委员会，在综合考量回收处理成本、环境影响成本、稽征成本、资源回收效益、基金余绌以及生产数量、应报废量、处理量等，依据现行回收市场概况共同研讨制定的。由于回收市场处于不断波动之中，为保持基金制的灵活性，费率的制定会根据回收市场变动情况在一定范围内进行弹性调整（如图5-14所示）。

台湾地区废旧家电回收清除处理费率计算，主要考虑到了回收清除处理成本、稽征成本、资源回收效益和基金余绌等指标，具体计算如公式（5.19）所示。其中，H代表回收清除处理成本，L为稽征成本，V为资源回收收益，F为信托基金余绌修正数，S为营业量。

$$费率 = [H + L - V - F]/S \qquad (5.19)$$

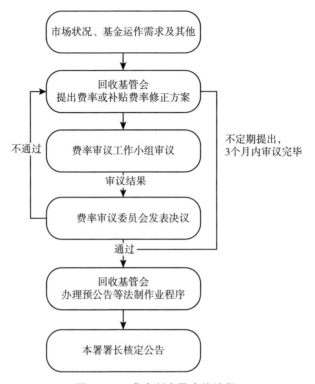

图 5–14  费率制定及审议流程

回收处理成本 H 的核算如公式（5.20）~公式（5.23）。其中，D 为已回收已清理成本；T 为未回收已清理成本，即垃圾费；E 为未回收待清理成本，含环境影响成本。C 为单位回收处理成本；G 为残余物最终焚化或掩埋处理的单位加权成本；E* 为残余物清理的单位外部环境影响成本。W 为应报废量，即当年度岛内可能产生之报废数量，利用消费者调查、计算报废概率、使用年限法推估等方式计算。$\alpha_1$ 为已回收已清理率；$\alpha_2$ 为未回收已清理率；$\alpha_3$ 为未回收待清理率，$\alpha_1 + \alpha_2 + \alpha_3 = 1$。

$$H = D + T + E \qquad (5.20)$$

$$D = C \times W \times \alpha_1 \qquad (5.21)$$

$$T = G \times W \times \alpha_2 \tag{5.22}$$

$$E = E^* \times W \times \alpha_3 \tag{5.23}$$

稽征成本 L 是指资源回收基金非营业基金预算中，稽核认证、查核、人事、行政、宣传、研发及其他相关支出，以每单位废弃物缴纳费率的固定比例计算而得。

资源回收收益 V 由单位资源化价值 r 和稽核认证回收量 g 计算而得，如公式（5.24）所示。其中，单位资源化价值 r 为厂商实际调查值。

$$V = r \times g \tag{5.24}$$

信托基金余绌修正数 F 的核算如公式（5.25）所示。其中，f 为累计信托基金余绌；q 为基金安全存量，参考前两年信托基金支出额的平均值给出；y 为基金摊销年数，可视实际基金盈亏状况进行调整。

$$F = (f - q)/y \tag{5.25}$$

（3）基金使用。

按照台湾地区相关规定，家电制造商、进口商和销售商需按期申报当期营业量或进口量，在每期营业税申报缴纳后的 15 日内按照上述方式核定的费率缴纳回收清除处理费用，作为资源回收管理基金，专款专用于各类废弃家电的回收清理工作。

为有效管理和运用回收管理基金，台湾环保主管部门将基金分为信托基金和非信托基金两个部分。废弃物清理法明确规定，业者缴交回收清除处理费至少 70% 拨入信托基金，其余拨入非营业基金。信托基金用于支付回收商、处理厂经稽核认证的实际回收清除处理补贴费用，非营业基金则用于支付配合回收清除处理工作的各项补助、奖励、倡导、行政和应急费用等。

（4）实施效果。

台湾废旧家电回收清除处理基金制度自 1998 年正式实施以来，截止到 2013 年，台湾地区废旧家电稽核认证处理总量达到 5 853 万台（件），其中废电器电子物品回收总量已达 2 453 万台，废资讯

物品回收总量达 3 400 万台。图 5 – 15 为 2008 ~ 2013 年间台湾地区
废旧家电基金制的回收处理效果，从图中不难看出，回收处理量基
本上呈现出增长趋势，回收率也有所增长。从基金收支来看，如
图 5 – 16 所示，2013 年，台湾地区废旧家电基金收入为 69. 20 亿元
新台币，其中废旧家电信托基金收入约为 55. 65 亿元新台币，非信
托基金收入约为 13. 55 亿元新台币①，总支出占收入比重约为 94%，
支出占比较往年有较大幅度提升②。

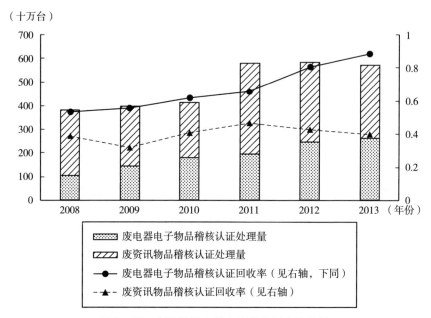

图 5 – 15　台湾地区废旧家电基金制实施效果

　　注：（1）回收率年度计算基础系以次年 3 月底营业量申报数据为依据；（2）废电器电
子物品稽核认证回收率计算公式：稽核认证回收量/营业量。废资讯物品稽核认证回收率计
算公式：稽核认证回收量/前五年营业量。
　　资料来源于中国再生资源回收利用协会：《海峡两岸废弃电器电子产品回收处理制度及
实施比较研究》，2015 年。

---

　　①　1 元人民币≈5 元新台币。
　　②　资料来源于中国再生资源回收利用协会：《台湾地区废旧家电回收处理政策报告》，
2017 年。

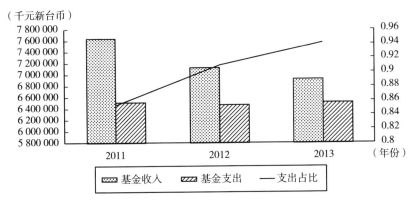

**图5-16 台湾地区废旧家电基金收支概况**

资料来源于中国再生资源回收利用协会：《海峡两岸废弃电器电子产品回收处理制度及实施比较研究》，2015年。

## （三）经验总结

### 1. 规范废弃电器电子产品回收市场

与其他地区类似，中国台湾地区的基金制度在运行初期也遭遇了造假骗补等问题，以及合法处理企业与非法处理企业并存的二元现象的困扰。针对造假骗补问题，台湾当局视情节轻重予以处理厂相应处罚、调查起诉、并计入相关档案，随着近些年环保主管部门不断强化监管，各种造假骗补等不规范现象已有了明显改善。而对于合法处理企业与非法处理企业并存的二元现象，同样也是中国大陆地区面临并亟待解决的问题。台湾地区法律规定储存空间低于1 000平方米以下的回收企业不需登记，相比于合法企业，非法处理企业不存在高额的环保成本，因而存在一定的市场竞争力，至今仍未被完全取代。近些年来，台湾环保主管部门开始推动"逆向回收"制度，鼓励消费者或消费商以三联单方式，从生产源头直接管理，确保废弃电器电子产品进入合法处理体系，增加回收率。

2. 推动市场机制发挥决定性作用

虽然生产者责任延伸制度中强调政府和法律的制约作用，但毕竟政府管理和稽核存在一定的成本。因此，台湾环保主管部门鼓励采取"利伯维尔场"机制，即在统一的稽核认证规定之下，鼓励处理企业在合理、合适及合法的情况下，依各企业核定处理能力处理。由于回收市场保有量固定，各处理企业为求达成其最低损益平衡处理量，势必以回收价格、回收速度及回收服务争取货源。而为求提高其回收价格，势必需提升产出物的售价、降低垃圾产出物的单价与数量。如此，将刺激处理企业，不断精进自己的处理技术与设备能力，产生良性的循环。而政府仅需就其提出的设备整改合法性，委外物的减量合理性及资源化比率进行复检。

3. 引入适度的费率动态调整机制

基金盈亏不均衡的状况是当前各地实施基金制普遍存在的状况，这一现象出现的主要原因之一是费率核算的灵活性不高。从基金制实施效果来看，台湾地区基金征收额和补贴数额基本相近，这意味着该地区基本能够做到收支平衡。台湾地区的基金制能够持久地发挥作用的重要原因之一便在于此，即费率制定的动态调整机制。台湾基金征补每年都会进行回溯检讨调整，但不一定每项产品都会有变动。至今，台湾废弃电器电子产品处理基金收费共调整8次，前5~6年几乎每年调整；资讯产品处理基金收费共调整10次，前8年每年调整。两者补贴费用大约各调整5次。处理基金出现盈亏过大的主要原因在于回收率的变化，细数历来调整之后基金额均可渐趋平衡。这种费率动态调整机制有利于解决基金短缺或结余过大的问题，从而有助于提高基金征收和使用效率，为基金制的可持续运行提供了重要保障。

## 二、日本废旧家电处理基金制度

### （一）制度背景

日本国土面积狭小，自然资源有限。20 世纪 60 年代的产业结构调整使日本经济快速增长，整个国家的国际竞争力与日俱增。然而，经济的发展不仅带来了高产出，同时也带来了高能耗和高污染，垃圾排放量不断上升，废弃物填埋场不足、垃圾焚烧处理危害大等问题日益显现，对人们的生活质量乃至生命安全都产生了极大影响，废弃物处置效果差以及有害污染物环境危害大等问题逐渐走入政府和社会各界的视野，对这些问题的解决成为举国上下都十分关注的课题。

早在 1970 年，日本政府就制定了《废弃物处理法》，经过不断深化与发展，到 20 世纪 90 年代日本提出"环境立国"的口号，1994 年颁布了《环境基本法》，随着 2001 年《推进循环型社会形成基本法》及与之配套的一系列专门性法规的施行，逐步形成了构建"循环型社会系统"的制度与法律体系。进入 21 世纪，日本政府越来越注重循环型社会系统的构建，从最初追求 1R（Recycle）到现在倡导的 3R（Reduce，Reuse，Recycle）的综合目标，这也意味着对废弃物的处理从最初简单追求回收，逐渐向"减量化、再使用和再循环"的科学方向发展，这正是生产者责任延伸制度中一直所倡导的废弃物处置思路。

事实上，进入新世纪后的日本，在推进基于"3R"的循环型社会系统方面做出了许多努力，目前已经基本形成了涵盖一般废弃物和产业废弃物在内的废弃物处理与资源有效循环利用的法律体系，分别于 2000 年实施的《容器包装法》和 2001 年实施的《家电回收法》是其中颁布较早且较为完善的两部废弃物专门法律，以这两部法律为基础形成的废旧家电处理基金制度与容器包装废弃物处理基金制度，目前已经成为各国推行生产者责任延伸制度时可资借鉴的典型案例。本节将对这两个典型案例进行简要介绍与分析。

### （二）日本废旧家电处理基金制度

1. 制度简介

日本《家电回收法》实施前，每年约 2 000 万台的废旧家电中，大概有 80% 直接被回收商贩收走，剩余的仅有大概 20% 能够被市、町、村等政府机关收回。这些被回收的家电中仅有很少的一部分能够经过破碎处理，以获取其中的有用成分，剩余的部分也基本难逃直接填埋或粉碎后填埋的命运①。这种粗放式的回收处置方式不仅带来了资源的极大浪费，对于本就资源匮乏的日本而言更是一项很大的损失，而且也给日本有限的填埋场带来了巨大的压力。面对这样的困境，日本政府于 1998 年 5 月制定了《家电回收法》，于 2001 年 4 月正式实施，并在随后的时间里不断修订与完善。

目前，《家电回收法》规定的法定回收家用电器有四大类，即空调、显像管式电视和液晶等离子电视、冰箱、洗衣机/干洗机。根据法律规定，消费者需要将自己的废旧家电交还于零售商，并承担相应的收集、运输以及循环再利用的费用；零售商对自己销售过或正在销售的产品有回收义务，并需要将回收的废旧家电交由指定回收场所；指定回收场所负责回收、保管和移交废旧家电；制造商或进口商则需要去指定回收场所收回自己制造过的或进口过的废旧

---

① 资料来源：AEHA. 家電リサイクル制定の背景と目的 [EB/OL]. https：//www. ae-ha. or. jp/recycling_report/01. html. 2019. 05. 03.

家电，并进行循环再利用。为确保各个流程正常进行，还配套实施
了家电回收券制度，由日本家电产品协会专门设立家电回收券管理
中心（RKC），负责家电回收再利用费用的运用和管理。家电回收
券为五联单形式，记录着消费者、零售商、家电品种、生产厂家和
运输公司等各个方面的信息，将各个主体串联起来，保证了责任的
有效落实和制度的顺利实施。

2. 运行流程

日本《家电回收法》中明确规定了废旧家电回收处理过程中相
关组织与个人的责任①，如图 5 - 17 所示。首先，消费者将自己的
废旧家电交给对应的经销商，填写家电回收券，并支付相应的家电
处理基金以及收集和搬运基金；然后，经销商将家电回收券贴在对
应家电上，交给指定的回收场所，并将对应的家电处理基金上缴至
家电回收券管理中心；最后，由指定回收场所将废旧家电移交给制

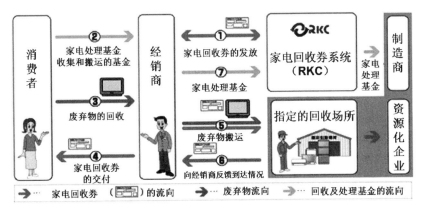

图 5 - 17　日本废旧家电回收利用的基金制度②

---

① 资料来源：AEHA. 関係者に求められる役割［EB/OL］. https：//www. aeha. or. jp/
recycling_report/01. html，2019. 05. 03.
② 资料来源：KRC. 回收方式［EB/OL］. https：//www. rkc. aeha. or. jp/text/r_procedure_
s. html.

造商或指定的资源化企业，家电回收券管理中心将对应的家电处理基金分发给这些企业，供这些企业进行废旧家电处置、处理与循环再利用。由于家电回收券跟随废旧家电一起走完了回收、运输和循环再利用等环节，其记载的所有信息由制造商或资源化企业回馈给零售商，零售商有义务将该回馈信息保存3年，以供消费者进行校验与查阅①。

3. 基金费率

目前，关于废旧家电的费率收取的方式分为"预付制"和"后付制"两派。所谓"预付制"，是指在消费者购买家电时即同时交付废弃后的回收处置费用。这种制度的好处在于确保已经销售的家电都能收取到相应的回收处理费用，防止消费者用后丢弃现象的发生。但是，这种制度的缺点在于，家电在一次销售后还可能通过二次销售、赠与、转让等方式移交给其他人员，这就增加了最初消费者的负担，同时也缺乏向消费者收取回收处理基金的明确理由。所谓"后付制"，则是指消费者在最终使用完家电并准备对其进行处置时，向经销商返还废旧家电并交纳回收处理费用的制度，后付制的实施也存在优缺点，主要的缺点在于容易发生消费者不愿承担费用，非法丢弃产品的现象，但对比来看，这种方法的公平性、便捷性和可实施性更强一些。在经过多番商讨后，目前日本采取的是"后付制"②。

废旧家电回收处理费率由家电回收券中心公布，消费者可以从家电回收券中心（RKC）制定的小册子中查询，也可以到RKC官方网站上查询③，根据不同的家电类别或制造业企业查询相应的回收处理费率，不同制造业企业、不同规格、不同类别商品之间的费

---

① 资料来源：AEHA. 家電リサイクルシステムの流れ［EB/OL］. https：//www. aeha. or. jp/recycling_report/01. html，2019. 05. 03.

② 资料来源：日本环境省. 家電リサイクル制度の施行状況の評価・検討に関する報告書［EB/OL］. https：//www. env. go. jp/press/18830. html.

③ 网址：https：//www. rkc. aeha. or. jp/guide/recycle_price. html.

率不尽相同。按照最新的 2019 年 4 月版本，以无法识别制造商（代码为 999）的一般回收费来看，空调为 2 041 日元/台；小型显像管式电视为 3 094 日元/台，大型显像管式电视为 3 634 日元/台；小型液晶等离子电视为 3 148 日元/台，大型液晶等离子电视为 3 688 日元/台；小型冰箱为 5 092 日元/台，大型冰箱为 5 524 日元/台；洗衣机为 3 202 日元/台。家电处理基金总额的 5% 用于费用的运营管理。而消费者到零售商、零售商到回收点的运输费用由消费者按照零售商自行确定的收费标准，另行交纳。

4. 实施效果

日本的废旧家电基金制自实施以来，至今已有 17 年的时间。在这段时间里，从国家发展要求来看，政府提出的废旧家电再商品化率的标准不断提高，洗衣机和干洗机的再商品化率标准提高率达 64%。从政策执行效果来看，无论是从废旧家电处理总量、还是从再商品化率等方面都有较大提升（见表 5 - 1）。

表 5 - 1 　　　　　　　　不同类别商品的再商品化率标准①

| 标准 | 2001. 04 | 2009. 04 | 2015. 04 |
|---|---|---|---|
| 空调 | 60% 以上 | 70% 以上 | 80% 以上 |
| 显像管式电视 | 55% 以上 | 55% 以上 | 55% 以上 |
| 液晶等离子电视 | — | 50% 以上 | 74% 以上 |
| 冰箱 | 50% 以上 | 60% 以上 | 70% 以上 |
| 洗衣机 & 干衣机 | 50% 以上 | 65% 以上 | 82% 以上 |

图 5 - 18 展示了自 2001 年《家电回收法》实施以来的历年废旧家电再商品化处理台数，从中不难发现显像管式电视已逐渐退出

---

① 资料来源：AEHA. 对象机器と再商品化等基準 ［EB/OL］. https：//www. aeha. or. jp/recycling_report/01. html，2019. 05. 03.

了历史舞台，在经历 2009～2011 年三年间的大规模处理之后，回
收处理总量逐渐减少；同时，液晶等离子电视的回收处理量则呈现
出逐渐增加的态势；空调、冰箱和洗衣机/干洗机的再商品化处理
量在十几年间也都有所增长。

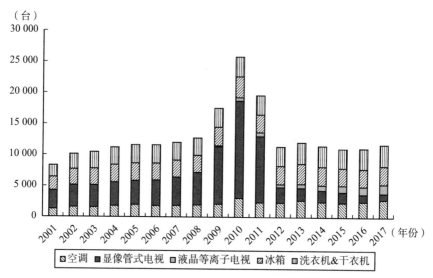

图 5－18　历年废旧家电再商品化处理台数①

从再商品化率中可以更明显地感受到日本废旧家电基金制的
实施效果。如图 5－19 所示，除显像管式电视再商品化率在 2008
年以后逐渐降低以外，其他产品的再商品化率都呈现出逐渐增长
的趋势，空调和洗衣机/干洗机的再商品化率在近些年更是持续维
持在 90% 以上的水平，整个社会的资源循环利用效率都有了极大
提升。

_____

①　数据由作者整理并绘制，资料来源：https：//www. aeha. or. jp/recycling＿report/
03. html. 图 5－14 与此相同。

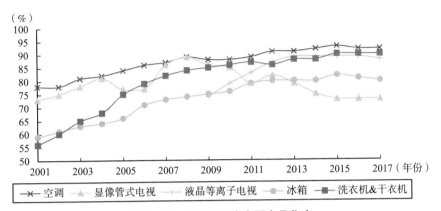

图 5－19　历年废旧家电再商品化率

## （三）容器包装废弃物处理基金制度

### 1. 制度简介

容器包装废弃物容量约占一般废弃物总量的 60%，重量约占一般废弃物总重的 20%，向来是各国在解决废弃物处理过程中不可忽视的重要部分，容器包装废弃物的循环利用系统是日本最早制定和实施的一般废弃物回收体系，也是日本最先开始实施生产者责任延伸制度的领域。日本政府于 1995 年制定了《容器包装法》，确定将建立容器包装废弃物的循环利用体系。该法律于 1997 年 4 月开始部分实施，并从 2000 年开始全面推行。在 1997 年该法刚开始实施时，玻璃容器和 PET 瓶是主要回收对象，2000 年 4 月，纸类和塑料容器也纳入该法。在该法实施约 10 年后，为了解决该容器包装再生利用制度面临的课题，日本政府于 2006 年对该法律进行了修订，并于 2008 年 4 月开始正式实施。

目前，《容器包装法》规定的法定回收容器包装废弃物主要有 8 种，分为 4 大类，即塑料类、玻璃类、纸质类和金属类。其中，塑料类包括 PET 瓶和塑料容器包装 2 种；玻璃类主要指玻璃瓶，主要有无色、茶色和其他颜色等；纸质类有纸质容器包装、纸盒和瓦楞纸 3 种；金属类主要包含铝罐和铁罐 2 种。按照法律规定，制造、进口和使用容器包装的专门经营者有回收再利用的义务，未达到法定规模要求的小型经营者不负有该义务，而由市、町、村承担此义务；消费者有"分类排放"的义务，即按要求将包装废弃物进行分类；市、町、村按照与指定法人签订合同中的分类标准，将容器包装废弃物进行分类、收集与清理；相应的指定法人则需要将这些容器包装废弃物再商品化。为确保各个环节顺利进行，日本还专门设立了公益法人团体——日本容器及包装再生利用协会（The Japan Containers and Packaging Recycling Association，JCPRA），负责废弃物循环利用基金的收支与管理①。

2. 运行流程

日本容器包装废弃物的回收处理流程如图 5 - 20 所示。首先，消费者从特定企业购买带有容器包装的产品进行消费，在消费后需要将剩余的包装容器废弃物进行分类，由市、町、村进行分类收集；然后，由市、町、村将容器包装废弃物交给再商品化运营商进行统一的再商品化处理；最后，再商品化运营商可以将再商品化产品进行销售，至此，一次容器包装废弃物的循环再利用过程全部完成。

容器包装废弃物的处理基金主要由包括容器包装制造商、使用者和进口商等特定企业来负担，同时，对于经营规模没有达到法律标准的企业生产的产品所产生的容器包装废弃物，按照法律规定，其处理费用由市、町、村负担。这些回收处理基金由公益法人财团——日本容器及包装再生利用协会（JCPRA）负责保管与收支，其中主要部分用于向再商品化运营商支付再商品化处理费用，有一部分资金用以支付市、町、村为特定企业回收容器包容废弃物的费用。协会以招投标形式选择再商品化运营商，并与其签订实施合

---

① 资料来源：JCPRA. 容器和包装物回收系统 ［EB/OL］. https：//www. jcpra. or. jp/Portals/0/resource/manufacture/text/seido – h30. pdf.

同，同时还会与交纳废弃物处理基金的特定企业签订委托合同，确保各个渠道之间的畅通连接。

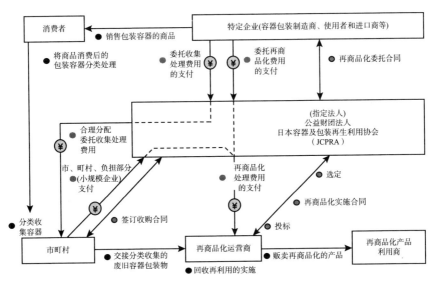

**图 5-20 日本容器包装废弃物基金制运行机制①**

### 3. 费率制定

如前文所述，制造、进口和使用包装容器的特定企业负有容器包装废弃物回收再利用的义务，需要预先在日本容器及包装再生利用协会（JCPRA）上申报数量，并缴纳相应回收处理费用作为基金；未达到法定规模要求的小型经营者不负有该义务，而由市、町、村承担此义务并交纳相关回收处理费用。

为提高制度可操作性和办理的效率，再商品化的义务量以及需要缴纳的相应基金额都可以直接在日本容器及包装再生利用协会的

---

① 由作者整理绘制。资料来源：JCPRA. 容器和包装物回收系统［EB/OL］. https：//www. jcpra. or. jp/Portals/0/resource/manufacture/text/seido－h30. pdf.

官方网站上计算出来①。网站公布了两种再商品化基金费率的计算方式，即"自主计算系数"的计算方法和"简单计算系数"计算方法。原则上一般采取"自主计算系数"方法，而"简单计算系数"方法仅在一定条件下才会采用。

"自主计算系数"的计算方法下的再商品化费用公式如公式（5.26）所示：

$$再商品化费用 = 预计排放量 × 自主计算方法中的计算系数 A \\ × 再商品化的委托单价 \tag{5.26}$$

预计排放量的计算方法如公式（5.27）所示：

$$预计排放量 = \binom{①：上一财年销售产品所用}{（制造）的特定容器和包装数量} \\ - （②：①中自己回收的量） \\ - \left[ \frac{（① - ②）中自身商业活动}{消耗的容器和包装数量} \right] \tag{5.27}$$

当预计排放量难以估计时，需要采取"简单计算系数"的计算方法，该方法下的再商品化费用公式如公式（5.28）所示：

$$再商品化费用 = [（①：上一财年销售产品所用的特定容器和包装数量） \\ - （①中自己回收的量）] \\ × 简单计算方法中的计算系数 B \\ × 再商品化的委托单价 \tag{5.28}$$

其中，预计排放量由公式（5.27）给出；计算系数 A 和计算系数 B 由国家每个财年按照一定的计算规则计量给出，并在协会的官方网址上予以公示；每个财年再商品化的委托单价也由协会官方网址予以公示，当前（平成 30 财年，即 2018 财年）的单价为，玻璃瓶（无色）为 4 日元/千克，玻璃瓶（棕色）为 5.6 日元/千克，玻璃瓶（其他颜色）为 10.3 日元/千克，PET 瓶为 9.2 日元/千克，

---

① 网址：https：//www.jcpra.or.jp/specified/application/entrust/tabid/128/index.php # Tab128.

纸质容器包装为 15 日元/千克，塑料容器包装为 49 日元/千克。

4. 实施效果

日本实施容器包装废弃物的生产者责任延伸制度至今已有 20 余年的历史，收效十分显著。如图 5 - 21 所示，是历年由市、町、村分类回收的容器包装废弃物总量，不仅废弃物回收总量在近 20 年间增长了近 60%，而且玻璃类、纸质类和塑料类容器包装废弃物的回收量也呈现出较大的增长趋势，其中塑料类废弃物的回收量表现最为突出，增长了 8 倍还多。

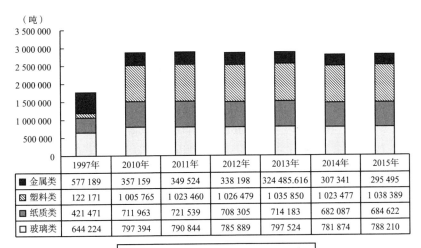

| （吨） | 1997年 | 2010年 | 2011年 | 2012年 | 2013年 | 2014年 | 2015年 |
|---|---|---|---|---|---|---|---|
| ■ 金属类 | 577 189 | 357 159 | 349 524 | 338 198 | 324 485.616 | 307 341 | 295 495 |
| ▨ 塑料类 | 122 171 | 1 005 765 | 1 023 460 | 1 026 479 | 1 035 850 | 1 023 477 | 1 038 389 |
| ▦ 纸质类 | 421 471 | 711 963 | 721 539 | 708 305 | 714 183 | 682 087 | 684 622 |
| □ 玻璃类 | 644 224 | 797 394 | 790 844 | 785 889 | 797 524 | 781 874 | 788 210 |

□ 玻璃类　▦ 纸质类　▨ 塑料类　■ 金属类

**图 5 - 21　日本容器包装废弃物历年分类收集量**

资料来源：日本环境省：《基本环境和经济信息/容器和包装废弃物》，http：// www. env. go. jp/policy/keizai_portal/A_basic/a05. html. 本图由作者整理绘制。

与此同时，利用容器包装废弃物进行再商品化的数量也呈现出较大的增长趋势。如图 5 - 22 所示，最初实施容器包装废弃物的生产者责任延伸制度时，1997 年的再商品化总量为 1 651 643 吨，到 2015 年，该数据增长至 2 678 044 吨，增长了近 63%。可以说，日本容器包装废弃物的实施效果是十分成功的，十分值得中国以及其他国家进行学习与借鉴。

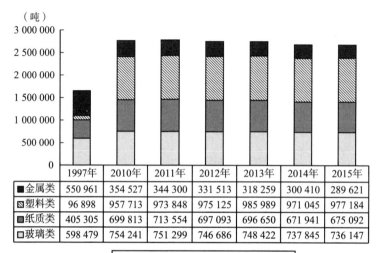

| （吨） | 1997年 | 2010年 | 2011年 | 2012年 | 2013年 | 2014年 | 2015年 |
|---|---|---|---|---|---|---|---|
| ■金属类 | 550 961 | 354 527 | 344 300 | 331 513 | 318 259 | 300 410 | 289 621 |
| ◨塑料类 | 96 898 | 957 713 | 973 848 | 975 125 | 985 989 | 971 045 | 977 184 |
| ▨纸质类 | 405 305 | 699 813 | 713 554 | 697 093 | 696 650 | 671 941 | 675 092 |
| □玻璃类 | 598 479 | 754 241 | 751 299 | 746 686 | 748 422 | 737 845 | 736 147 |

□玻璃类　▨纸质类　◨塑料类　■金属类

**图5－22　日本容器包装废弃物历年再商品化量**

资料来源：日本环境省：《基本环境和经济信息/容器和包装废弃物》，http：//www. env. go. jp/policy/keizai_portal/A_basic/a05. html. 本图由作者整理绘制。

## （四）经验总结

### 1. 完善的法律体系

日本在1970年就制定了《废弃物处理法》，并在随后的几十年里不断丰富与完善，形成了以《推进循环型社会形成基本法》为指导、以《废弃物处理法》和《资源有效利用促进法》为两大重要方向，以《容器包装法》《家电回收法》和《建筑回收法》等一系列专门性法律为依托的全方位、多层次的"推进循环型社会形成"的法律体系，为各项制度的开展与顺利执行发挥了重要的制度保障作用。综合性法律有利于在国家层面提高全民的环保意识与资源循环再利用的重视程度，为各个专门性法律的制定和实施提供依据与指导。各个专门性法律的制定与实施则一方面保障了综合性法律中理念体系的贯彻执行，另一方面又具体规定了生产者责任延伸制度的责任主体、具体责任与运行流程，为制度的实行提供了参考依据与法律约束。所谓"国不可无法，有法而不善与无法等"，日本生产者责任延伸制度的成功，不得不说与其法律体系的恰当与完善有很大关系。

2. 公众环保意识与能力的培养

无论是从废旧家电处理基金制，还是从容器包装废弃物处理基金制中，我们都不难发现日本政府一直在鼓励和引导全民参与。所谓"国无德不兴，人无德不立"，日本政府能够明确意识到国民意识的整体提高在其中的重要作用，并注重引导和培育国民参与生产者责任延伸制度、参与环保的意识与能力，不仅通过各种网站、宣传手册对制度实施流程和事实依据都给予明确的解释，以帮助国民理解生产者责任延伸制度实施的必要性和重要性，以及各项责任划分的依据和执行的手段；而且通过建设环境俱乐部、编制环保教材，以及成立民间环保组织等方式来激发全民参与的兴趣与热情，对于培养当代人以及后代人支持制度实施，保护生态环境发挥了重要的启蒙作用。未来，中国若想更好地贯彻实施生产者责任延伸制度，也一定无法忽略全民环保意识与能力的培养。

# 第六章 目标管理制度

## 第一节 目标管理制度概念

### 一、目标管理制度内涵

目标管理制度是生产者责任延伸制度推行的一种具体制度安排，指政府采取法律法规强制规定的方式，要求生产者（进口商）必须对其生产（进口）的产品履行延伸责任，在产品废弃后某个年度达到一定回收比例。

与押金制度、基金制度等经济管理制度不同，目标管理制度是一种行政命令手段，它以法律法规的形式，强制要求产品生产企业（进口商）在其产品废弃后必须达到一定的回收目标，生产者（进口商）如果达不到相应的目标，将面临一定的处罚，如缴纳相应的处理费用、纳入企业信用记录等。目标管理制度作为一种行政命令手段，具有管理简单、见效快等特点，目前为止仍然是世界各国实施EPR的重要制度安排。在实践中，目标管理制度经常与押金制度、基金制度、环境税等经济手段综合使用。

　　根据目标管理制度的实施强度，可以将目标管理制度分为三种类型：一是自愿推行方式，即生产者在没有受到国家法律或政府强制性规定的情况下，自愿采取措施来促进其产品废弃后的回收利用并达到一定目标，以减少由其产品在整个生命周期对环境的负面影响。二是经济激励方式，即政府确定生产者（进口商）废弃产品回收目标，但不强制生产者（进口商）完成，而是通过对未完成目标的产品生产者（进口商）征收废弃物处置税或废弃物处置费等经济手段来推动生产责任延伸制度实施。三是强制推行方式，即通过法律法规对产品生产者（进口商）的责任进行强制性规定，强制生产者（进口商）必须采取措施，对自己生产的废弃产品进行回收利用，并达到一定的目标。

## 二、适用范围及条件

　　目标管理制度是 EPR 制度中最为灵活的一种制度安排，在该管理制度下，政府只需规定某一产品的生产者（进口商）对其产品废弃后一定年限内必须达到的回收利用目标即可，至于生产者（进口商）具体采取什么措施来实现目标政府并不做具体规定。该制度可以与基金制度、押金制度等其他制度安排搭配使用，因此如果不考虑管理成本等因素，该制度可以适用于任何一类废弃物的管理。

　　但是，任何一项制度的实施都必须综合考虑多种因素，作为生产者责任延伸制度的重要实现形式，纳入目标管理制的产品需要综合考虑产品废弃后的环境危害性，产品产量、回收量、处置量等全生命周期的数据统计基础等主要因素。此外，目标管理制度的实施还要考虑产品全生命周期的综合影响，如产品废弃后回收利用成本、目标制度实施的管理成本，产品废弃量等影响因素。

　　因此，选取实施目标管理制度的实施对象时，需要考虑以下四个基本条件：

一是废弃物产生量大。产品消耗量和废弃量很大，回收利用该废弃物，有利于减少资源消耗量和废弃物最终处置量。

二是环境危害性较大。产品废弃后不易清理处置，长期不易腐化分解，含有有害成分，对环境影响较大。

三是行业集中度高。目标管理制度实施过程可控，企业数量较少，行业集中度高，易于对企业目标完成情况进行管理和考核。

四是数据易于统计核实。为了设定合理的回收目标，必须明确废弃物的产生量；为了评估生产者是否完成了回收目标，还需要对废弃物的回收量、利用量进行统计核实。

## 三、小结

目标管理制度是各国在推行生产者责任延伸制度时，普遍采用的一项具体制度安排。一般与基金制度、押金返还制度等配合使用，其适用产品范围较为广泛，只要产品所处的行业集中度较高，产品的生产销售数量和回收利用量便于统计和考核，就可以采用该制度。

# 第二节　目标管理制度运行机制

## 一、运行机制

目标管理制度首先由国家有关部门制定强制回收目标，以生产者为主，采取灵活的方式，落实相关责任。生产者履行延伸责任的方式主要包括：依托销售者自建逆向物流回收体系，组建生产者联盟，委托第三方外包服务机构，或者推动组建拾荒者合作社，还可以直接从消费者手中回收废弃物（见图6-1）。无论选择什么样的模式，其核心均是以较低的成本从消费者手中回收废弃物，确保废弃物进入规范的回收利用渠道，防止二次污染。

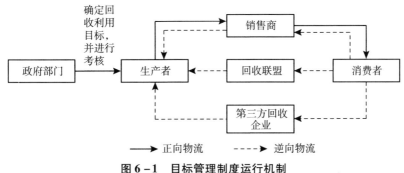

图 6-1 目标管理制度运行机制

## 二、目标确定模型

目标管理制度中包括合理制定生态设计、再生原料使用、废弃物回收利用等方面的定性和定量目标。生态设计在不同产品上差异较大，需要根据具体产品进行具体要求，因此主要以定性评价为主定量评价为辅；再生原料使用和废弃物回收利用可以制定定量指标，其中，再生原料使用主要是规定产品中再生原料使用占比，根据不同产品生产的技术经济条件，操作较为简单。目前，在国内外EPR制度实践中，主要是以废弃物回收率为管理目标，要求生产者（含进口商）履行产品废弃后的回收处置责任。

废弃物回收率测算时主要考虑现有回收基础、生产者投入成本和目标的可达性等因素。我们以R代表某一废弃物的回收率，则：

$$Q_r = R \times Q_p \qquad (6.1)$$

其中，$Q_r$ 代表废弃物回收量，$Q_p$ 代表废弃物产生量。

回收处置废弃产品是生产者必须履行的责任，因此，生产者要投入一定的回收处理费用，用 I 表示，

$$I = Q_r \times C = Q_r \times (C_r + C_p) \qquad (6.2)$$

其中，C 为单位废弃物平均回收处理成本，由回收成本 $C_r$ 和处理成本 $C_p$ 构成。

### （一）单一市回收利用体系下目标的确定

在单一回收利用体系下，只存在正规回收企业。因此政府为生产者制定回收目标 R 时，生产者（含进口商）以一定的市场价格将产品售卖给消费者，消费者在产品消费废弃后将废弃产品交给回收企业并获取一定的收益，回收企业将回收的废弃物交由厂商处理并获得回收费用，生产者在收回废弃物以后对其进行回收处理或再利用（见图6-2）。

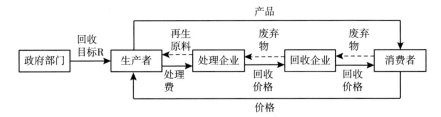

图6-2　单一回收利用体系下目标管理制运作机制

在这种运行机制下，生产者的利润函数如公式（6.3）所示。

$$\pi = P \times Q_p - CF - CV - I(Q_r) \qquad (6.3)$$

其中，$\pi$ 为生产者的利润；CF 为生产者的固定成本；CV 为生产者的变动成本，随生产量而变化，即 $CV = c \times Q_p$，c 为单位生产

成本；$I(Q_r)$ 为生产者投入的回收处理费用。

将公式（6.1）、公式（6.2）、公式（6.3）联立即可求解出生产者在固定回收率 R 下的利润函数，如公式（6.4）所示。

$$\pi = P \times Q_p - CF - CV - R \times Q_p \times (C_r + C_p) \qquad (6.4)$$

用 $Q_p$ 对 $\pi$ 进行求导，即可得出生产者利润最大化水平下的回收率 R。

$$R = \frac{P - c}{C_r + C_p} \qquad (6.5)$$

由此可见，废弃物的回收处理成本越高，回收率越低；废弃物的价值即单位售价越高，回收率也越高。

## （二）二元回收利用体系下目标的确定

在二元回收利用市场条件下，市场中会存在非正规回收企业及非正规处理企业。由于目标管理制度的实施对象一般为快速消费品，基本不存在二手市场。因此政府为生产者制定回收目标 R 时，生产者以一定的市场价格将产品售卖给消费者，消费者在产品消费废弃后依据出价高低将废弃产品卖给正规回收企业或非正规回收企业，正规回收企业将所有回收的废弃物交由厂商处理并获得回收费用，非正规回收企业则依据厂商和非正规处理企业的出价高低决定废弃产品流向（见图 6-3）。

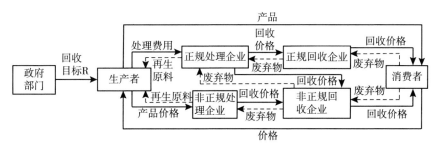

图6-3　二元市场体系下目标管理制运行机制

在这种运行机制下，生产者的利润函数仍然如公式（6.6）所示。

$$\pi = P \times Q_p - CF - CV - I(Q_r) \tag{6.6}$$

其中，$\pi$ 为生产者的利润，CF 为生产者的固定成本，CV 为生产者的变动成本，$I(Q_r)$ 为生产者投入的回收处理费用。但是，此时生产者可以选择从正规企业回收废弃物或者从非正规企业回收废弃物。假设从正规回收企业回收的废弃物数量为 $Q_{r1}$，从非正规回收企业处回收的数量为 $Q_{r2}$。

则
$$Q_r = Q_{r1} + Q_{r2} \tag{6.7}$$

此时，$I = Q_r \times \min\{C_r + C_p, N_p\} \tag{6.8}$

其中，$N_p$ 为生产者从非正规回收企业回收废弃物的成本。从理性经济人角度来说，哪个渠道的回收成本越低，生产者则倾向于选择哪种渠道。

设 $r = \dfrac{Q_{r1}}{Q_r}$，即 r 为正规企业回收量占总回收量的比率。由此，生产者的利润函数为

$$\pi = P \times Q_p - CF - CV - r \times R \times Q_p \times (C_r + C_p)$$
$$- (1 - r) \times R \times Q_p \times N_p \tag{6.9}$$

用 $Q_p$ 对 $\pi$ 进行求导，即可得出此时生产者利润最大条件下的废弃物回收率 R。

$$R = \frac{P - c}{r(C_p + C_r) + (1 - r)N_p} \tag{6.10}$$

为了保证废弃物经由正规企业回收，即需要加大 r 的值，应该尽可能保证正规企业的回收处理成本 $C_r + C_p$ 小于非正规企业的回收处理成本 $N_p$，也正是如此，才需要对正规回收处理企业给予补贴，以降低其成本。

## 三、小结

目标管理制度的运行机制较为简单，主要是由政府对生产者提出回收利用目标要求，生产者可以采取自行回收、组成回收联盟回收或委托第三方专业机构进行回收等多种灵活方式进行。在单一回收利用体系下回收目标的确定主要受废弃物回收处理成本和废弃物价值影响，废弃物的回收处理成本越高回收率越低，废弃物的价值即单位售价越高回收率也越高。但在二元回收利用体系下除了受上述两个因素影响外，还要受到非正规企业回收处理成本的影响。

## 第三节　目标管理制度的实现模式

为了最大限度调动生产者履行产品延伸责任的积极性，应当允许生产者采取灵活的方式实现其回收目标。根据废弃物自身特征和回收利用现状选择不同的回收利用模式，将有助于生产者以最低成本达到最好的回收利用效果。

在各国实践中，目标管理制度下生产者实现既定回收目标的运行模式主要分为三种：一是生产者自建回收利用体系模式，大型复印打印一体机等产品适用于这种模式；二是生产者联盟回收利用模式，典型代表是日本家电企业成立的绿色循环（green cycle）工厂；三是第三方外包回收利用模式，典型代表是德国 DSD 回收系统，该模式下生产者将废弃物回收利用的责任和风险委托给第三方。在 EPR 制度实践中，生产者还可以根据需要将以上两种或两种以上的模式组合使用。

# 一、生产者自建回收利用体系模式

## （一）模式内涵

生产者根据自身需要，建立逆向物流回收利用体系，对本企业生产的产品在消费废弃后进行回收利用。其主要特点是以生产者为主导，依托生产企业自身的销售网络，从销售商或消费者手中回收废弃物，并负责产品的再利用和最终处置等。在实际运作中，生产者可以采用押金制、"以旧换新""销一收一"等具体方式，以提高消费者返还废弃物的积极性，提高回收率。

采用生产者自建回收利用体系模式的典型代表如日本电器企业松下，该公司于 2001 年出资建立独资子公司松下环保技术中心（PETEC），负责对废旧家电回收处理和回收利用技术的研究开发，其旨在从废旧家电中提取资源，实现"从商品到商品"的目标。该中心借助日本已有的家电回收渠道，对回收的废家电进行一系列的手工分解、机身粉碎、分离筛选、再加工等流程，从废旧电视机、洗衣机（烘干机）、空调和电冰箱（冰柜）中回收铜、铝、铁等金属和塑料、玻璃等材料，并将这些材料投入家电再生产或出售给其他企业，实现了废弃家电的有效回收利用。截至 2017 年 6 月，松下环保科技中心循环利用的家电总量已达到 1 300 万件[①]，很好地履行了生产者的延伸责任，对日本的废旧家电回收再利用做出了较大贡献。

---

① 资料来源：松下环保技术中心官网，https：//panasonic.net/eco/petec/company/#choice1。

## （二）运行机制

在生产者自建回收利用体系模式中，涉及的主体主要有政府相关部门、生产者、销售者、消费者四个主体，生产者在该模式中发挥主导作用（见图6-4）。政府相关部门负责制定和考核回收利用目标，由生产者具体负责执行，生产者通过销售者或者从消费者手中直接回收废弃物。整个模式正常运行的关键是如何确保消费者将废弃物交给销售者或生产者，而不是随意丢弃或卖给社会游商，导致废弃物最终进入非法利用渠道。对此，解决方法主要有三种：一是对于大型产品，生产者或销售者可以采取上门服务的方式，将废弃产品直接回收。二是生产者采取押金制、"以旧换新""销一收一"等方式，激励消费者将废弃产品交给销售者或生产者。采取押金制时，政府有关部门要指导、监督企业实施押金制的情况。三是强制消费者在指定地点、指定时间投放废弃物，由生产者或其委托的回收公司负责将废弃物运走，如果消费者不按规定投放废弃物，政府有关部门将对其进行罚款。

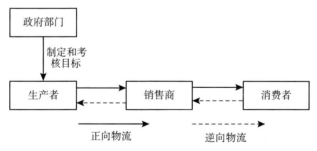

图6-4　生产者自建回收利用体系模式运行机制

## （三）模式优劣

生产者作为产品的设计和生产者，积极参与废弃物回收利用体系建设具有显著的优势：

一是有利于降低回收成本。由于生产者掌握其所生产和销售产品的具体流向信息，通过生产者的正向物流渠道来回收废弃物，能够有效控制资源流向，从而提高产品的回收利用效率。另外，同与其他企业合作回收相比，企业自建回收利用体系，可将正向物流与逆向物流相结合，有利于降低成本。

二是有利于提高利用效率。生产者了解产品构造信息，是产品的设计者和制造者，对其所生产的产品更为了解，更容易对产品进行拆解、再制造和再生利用，从而使循环利用效率最大化。

三是有助于改进产品设计。生产者可以对回收的产品进行监测分析，将获得的信息反馈给设计部门，有助于改进产品设计，在产品设计之初就考虑产品回收、拆解、再利用等问题，有利于降低废弃物的回收处理难度，提高回收利用效率，减少产品全生命周期的环境影响。

四是有助于提升企业社会形象。随着绿色消费观念的形成，越来越多的消费者倾向于购买环境友好型产品，企业自建回收利用体系，有助于提高企业的社会责任形象，有利于提高企业的品牌价值及其产品市场竞争力。

然而，生产者自建回收利用体系也具有显著的缺点：

一是对生产者自身能力要求较高。生产者自建回收利用体系是一个高度专业化的处理模式，对企业的规模和回收利用能力及相关设备和操作人员配置要求都较高。

二是难以实现规模经济。企业只负责回收利用自己生产和销售的产品，受到产品种类和数量不确定性的限制，其回收利用设施和人员配置无法达到最大效率，增加了生产企业资金回流的难度。

三是容易造成回收利用设施的重复建设。从全社会来看，各生产商分别建立自己产品的回收利用体系，容易造成同类设施的重复建设，浪费资源。

四是如果采取押金模式，将增加押金的收取返还等管理成本，押金收取者和管理者的选择、押金额的确定均是需要考虑的问题，如果设计不当，可能造成资金管理风险。

### （四）适用范围

在不引入押金制、"以旧换新"等手段的情况下，该模式的适用范围较窄，一般仅用于大型打印复印一体机等大型产品。

这类产品具有以下特点：产业集中度高、专业性强、回收量不是很大、回收数量较为稳定；废弃物的部分零部件再利用价值较高，零部件经维修和检测后，可以应用到新产品上面，再利用产品的市场和新产品市场一致；销售渠道较为简单、甚至是租赁模式的产品，逆向、正向供应链结合，可以形成闭环供应链。

如果引入押金制、"以旧换新""销一收一"等手段，该模式的适用范围将大幅增加，饮料瓶、啤酒瓶、铅酸蓄电池、汽车发动机等均可以采取该模式。此类产品的特点是消费量大、分布范围广、生产集中度相对较高。

## 二、生产者联盟回收利用模式

### （一）模式内涵

生产者联盟回收利用模式是由生产相同或相似产品的生产商组

成一个联合体组织，直接代表生产者回收利用废弃物。该联合体中的各厂商共同出资建立专业化的回收和处理中心，联合体中各厂商的废弃物可以运送到就近的回收处理中心进行处理。

该模式是生产者通过共同契约的方式，在企业间形成相互信任、共担风险、共享收益的战略合作伙伴关系，是一种有计划、持久性的生产者合作机制。联合体正常运行后，若盈利状况良好，还可回收利用联盟外企业的废弃物。

实施生产者联盟回收利用模式的典型代表是日本的三菱东滨再循环中心。日本于2001年实施的《家用电器回收法》规定废弃家电的再商品化率必须达到一定标准：其中电视机必须达到55%，洗衣机、冰箱（冷柜）不低于50%，空调则要超过60%①。为完成政府确定的回收目标，由三菱电机、索尼、日立、三洋电气、富士通、理光等数家企业共同投资成立了家电再循环系统，通过成立独立的股份制公司，专门负责回收利用这些公司生产的电子电器产品。日本的废旧家电回收再商品化处理企业分为A、B两组，其中由松下、东芝等电器生产企业组成了A组，索尼、日立、三洋、三菱、夏普等生产企业组成了B组，两组各自负责承担本组内企业产品的回收处理。三菱东滨再循环中心属于B组企业自建的生产者联盟，对指定回收点送来的废旧家电进行加工处理，其既可处理废旧电视机、洗衣机、冰箱和空调器，也可处理办公设备、复印机、电脑、自动售货机等。

## （二）运行机制

在生产者联盟回收利用体系模式中，主要涉及政府相关部门、生产者、生产者联盟、消费者等四类主体，其中生产者联盟在该

---

① 日本后来又两次对家电再生利用法做了重新修订，又逐步提高了家电的再商品化率，分别为空调70%、CRT电视55%。

模式中发挥主导作用（见图6-5）。政府相关部门制定回收利用目标，要求生产者完成。生产者为完成政府确定的目标，建立生产者联盟，由生产者联盟负责从消费者手中回收废弃物，联盟作为生产者责任延伸目标具体承担组织，接受政府有关部门对目标完成情况的考核。与生产者自建回收利用体系模式相比，生产者联盟在利用和最终处置废弃物方面具有规模化优势，但在回收废弃物方面依然面临问题，即如何确保消费者将废弃物交给生产者联盟，而不是随意丢弃或卖给社会游商，导致废弃物最终进入非法利用渠道。对此，解决方法与生产者自建回收利用体系的做法基本相同，主要有两种：一是生产者联盟采取押金制、"以旧换新"、"销一收一"等方式，激励消费者将废弃物交给销售者或生产者。政府有关部门要指导、监督生产者联盟实施押金制的情况。二是强制消费者在指定地点指定时间投放废弃物，由生产者联盟负责将废弃物运走。如果消费者不按规定投放废弃物，政府有关部门将对其进行处罚。

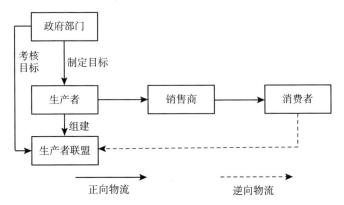

图6-5  生产者联盟回收利用模式运行机制

## （三）模式优劣

组建生产者联盟有利于改变生产者分别自建回收体系带来的重复建设和覆盖率低等问题，有效降低产品废弃后回收交易成本和社会成本。生产者与回收联盟签订契约，由回收联盟统一对联盟成员生产的产品在废弃后进行回收和利用，并建立起长期稳定的合作关系，减少了废弃物回收的中间流通环节，节省了频繁交易的费用。同时，还可避免在同一区域范围内重复建设回收利用网络，减少资源浪费，节约社会成本。

生产者联盟回收利用模式也有利于实现规模效益。联盟将多个面临相同问题的生产者的回收利用业务融为一体，增加了废弃物回收利用的数量和种类，并且对回收人员的配置、处理设施的配备更为专业，进一步提高了废弃物回收利用效率，有助于降低单个企业的回收处理压力，实现规模效益。

该模式也有一定的缺陷，如难以确保废弃物的顺利回收，因为消费者可能将废弃物随意丢弃或卖给非正规回收者。另外，在生产者联盟处理废弃物的过程中难以对生产企业进行有效的信息反馈，从而难以对生产厂商在开展生态设计等方面起到激励作用。

## （四）适用范围

该模式要求生产企业在技术和经济实力上要具有对等性，所生产的产品在结构和构成上具有相似性，如电视机、电脑等废旧电子电器产品。该模式所适用的产品一般具有如下特点：

一是产业集中度较高，专业性不是很强，回收利用工艺相近；

二是产品保有量大，产品体积重量较大，损耗速度较慢；

三是销售渠道较为简单，销售和使用场所较集中；

四是使用频率较高，部件损耗不同步等。

## 三、第三方外包回收利用模式

### （一）模式内涵

生产者以付费方式把废弃物回收利用的责任委托给第三方服务机构，由第三方服务机构直接对生产者生产的废弃产品进行回收利用，或者组织回收企业和利用企业对生产者的废弃产品进行回收利用。第三方服务机构回收利用废弃产品具体可分为两种模式：

一是第三方自建回收体系和处理中心，直接负责回收废弃产品并运送到自身的处理中心进行处理，即第三方是专业化的废弃产品回收和利用企业。第三方机构可建立自己的销售网络，其产品销售市场并不局限于原产品生产者。这种方式的市场化程度很高，对第三方专业回收处理企业的能力要求高。

二是第三方联合数量众多的回收商，负责回收废弃产品，并将回收的废弃产品付费给处理商进行处理，即第三方是一个非营利中介机构，负责组织回收利用废弃产品，本身并不拥有回收工厂和处理工厂，德国 DSD 系统即是这种回收利用模式的典型代表。德国 DSD 公司是一家民办非营利组织，其主要负责全国包装废弃物的回收和处理，其由包装物生产厂商、产品生产企业和垃圾回收处理机构等联合组成，加入其中的生产企业需要缴纳"绿点费"，即可在所生产的包装物上印上绿点标志，这些包装物在废弃时由 DSD 公司委托其他回收处理机构进行包装物的专门收集、分选和再生利用。DSD 系统的建立有效促进了德国包装废弃物的回收利用，1997

年德国仅包装废弃物的回收率就高达89%，循环利用率为86%①。

在市场发育不够成熟、生产厂商自身处理意愿不足、难以找到合适的回收利用企业的情况下，有必要由第三方非营利机构将众多生产厂商、回收企业、处理企业组织起来，共同促进废弃物的回收利用。

## （二）运行机制

在第三方外包回收利用模式中，第三方机构的性质决定了其模式的作用机制。如果第三方服务机构是专业化回收处理公司，则主要涉及政府相关部门、生产者、专业化回收利用公司、消费者四类主体（见图6-6）。在该模式中，要求专业化回收处理公司已经建立成熟的回收渠道，能够从消费者手中回收废弃物，并且能够妥善处置废弃物。政府有关部门要充分发挥监管作用，防止生产者将其回收处理废弃物的责任转嫁给不具备回收处理能力的公司。

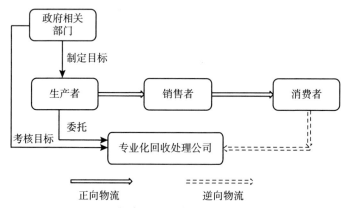

图6-6　委托专业化回收处理公司的运行机制

---

① 冯琳：《工业循环经济理论与实践研究》，重庆出版社2011年版，第17页。

如果第三方服务机构是非营利性组织，则主要涉及政府相关部门、生产者、第三方非营利性组织、回收者、处理者（利用者）、消费者六类主体，第三方非营利性组织是该模式的主导者（见图6-7）。整个模式正常运行的关键是如何确保消费者将废弃物交给规范的回收商，而不是随意丢弃或卖给社会游商，导致废弃物最终进入非法利用渠道。

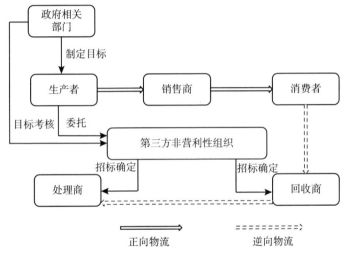

图6-7　委托第三方非营利性组织的运行机制

解决方法主要有两种：

第一种是第三方非营利组织再建一套回收体系。第三方非营利组织通过回收商建立回收体系，设置固定的回收站点，消费者将废弃物投放到回收站点，回收商定时将废弃物运送给处理商。德国DSD系统采取的是这种方式，但这种方式会出现再生资源回收体系和生活垃圾清运体系难以有效衔接，还涉及重复建设、场地不足等问题，可行性较差。

第二种是支持回收商自建回收网络。一是通过资金补贴、税收优惠等方式，支持回收商通过采用互联网、上门回收、新型回收机等方式，建立自己的回收网络。二是改善提升现行再生资源回收体系，结合生活垃圾强制分类制度，强制消费者在指定地点指定时间投放废弃物，由回收商负责将废弃物运走。

## （三）模式优劣

委托第三方服务机构进行回收利用的模式有利于降低生产者回收处置废弃物的成本。生产者自建回收利用体系，需要投入大量的资金、人力和物力，将自己的回收处理责任外包给第三方机构，可以使企业更专注于其核心竞争力的建设。此外，生产者能够优先以较低价格从合作的第三方企业购入再生原材料，从而有效降低自己的生产成本，有利于提高企业的核心竞争力。

该模式还有利于提高废弃物专业化处理水平。第三方在废弃物回收和利用方面具有较为完善的回收网络、先进的处置技术和专业技术人才，在废弃物回收利用方面比生产者更具优势。第三方可与更多的生产企业建立合作关系，从而实现废弃物回收管理和运作的规模效益，提高废弃物的回收利用效率。

该模式的缺陷在于对第三方服务机构的资质有很高的要求，政府需要对其资质和回收处理水平进行严密的监督，以保证回收目标的达成。

## （四）适用范围

该模式适用范围较广，如废一次电池、废复合包装等产品。这类产品的主要特点是：回收利用效果不好，生命周期较短，回收利用率变化较大；对产业集中度、产品保有量、回收处理工艺要求不是很高；材料构成异质性较大，销售较为分散。

## 四、小结

目标管理制度的具体实现模式分为生产者自建回收利用体系模式、生产者联盟回收模式和第三方外包回收利用模式，不同的回收模式具有不同的运行机制，在参与主体、运行成本、适应规模、财务风险、产品范围等方面具有一定的差异性，总结见表 6 – 1。

表 6 – 1　　　　目标管理制度下不同回收利用模式的比较

| 回收利用模式<br><br>比较项目 | 生产者自建回收利用体系模式 | 生产者联盟回收利用模式 | 第三方外包回收利用模式 |
|---|---|---|---|
| 主要参与主体 | 生产者、销售者、消费者 | 生产者、生产者联盟、消费者 | 生产者、第三方机构、消费者 |
| 成本 | 最高 | 较高 | 最低 |
| 运作规模 | 较小 | 较大 | 较大 |
| 财务风险 | 生产厂商自身承担 | 通过联合体由生产厂商承担 | 保险公司、第三方机构的股东、债权人承担 |
| 生产商规模要求 | 适合大规模生产企业 | 大小企业均适合 | 大小企业均适合 |
| 信息反馈 | 容易、快速 | 不易 | 通过契约 |
| 产品范围 | 自身生产产品 | 同类产品 | 产品范围广 |

# 第四节 典型目标管理制度分析

## 一、德国目标管理制下的双元回收体系

### （一）制度背景

欧洲是世界上最早开始工业化的地区，随着工业化的快速发展，社会生产能力和居民生活水平都得到了极大提高。与此同时，资源节约和环境保护问题也日益凸显。德国作为欧盟重要成员国，在应对废弃物方面一直发挥着重要的先导作用，在实施生产者责任延伸制度的过程中积累了宝贵经验，为欧盟乃至世界制定和实施相关法规制度都提供了重要的参考依据。作为生产者责任延伸制度下的目标管理制度，就是其中典型代表。

1990 年，德国政府颁布了《包装与再生利用包装废弃物指令》，规定各个生产企业不仅要对其生产的产品负责，而且还要对其产品的包装物负有回收责任，对于必须使用的一次性包装废弃物要履行回收再利用责任。1991 年，德国政府又通过了《包装废物条例》（以下简称包装法，*Avoidance of Packaging Waste Ordinance*，德文 Toepfer Decree），明确了生产者和分销商负有回收利用包装废弃物的法律责任，标志着生产者责任延伸制度的正式确立。1998 年，该法律的修订版规定了不同包装废弃物的目标回收比例，标志着目标管理制度成为德国包装废弃物实施的主要制度安

排。1996 年，德国政府又出台实施了《循环经济与废弃物管理法案》（*Closed Substance Cycle and Waste Management Act*，德文 Kreislaufwirtschaftsund Abfallgesetz – KrW –／AbfG），将废弃物的处理提高至循环经济的高度，制定了"污染者付费"原则，从而将循环经济理念系统地从包装推广到所有生产部门。德国的包装法历经多次修订，对包装废弃物的回收责任、回收范围、回收方式、回收比例都做了诸多优化调整。目前使用的版本是 2019 年 1 月 1 日开始实行的新包装法①，新修订法律的主要目标在于促进生态环保包装的使用以及公平的成本分配。如今，德国在废弃包装物领域实施的目标管理制度，不仅在环境保护方面发挥了重要作用，而且在节约资源、提高社会经济效益方面发挥的作用也日渐明显。

## （二）　制度简介

### 1. 回收责任

德国包装法规定，无论包装产生于工业、服务业、贸易、行政单位、家庭或其他任何地方，也不论其材料构成，这些包装的生产者和销售商都负有对有效范围内进入流通领域的包装进行回收处置的义务。其中，生产者是指生产包装、包装材料或者直接用其制造带包装产品的市场经营主体，以及将包装引入包装法适用范围内的市场经营主体；销售商指将包装、包装材料以及直接制造带包装的产品，或将带包装商品在任何销售阶段带入流通领域的市场经营主体②。

按照包装法的规定，包装回收利用的责任主体有两种方式来履行回收责任：其一，独立地承担由自己带入流通领域的废旧包装的

---

① 新闻参见：http://www. dbs – team. de/Verpackungsgesetz – NEU. html.
② 朱秋云：《德国避免和利用包装废弃物法（包装法）（一）（二）（附录）》，载《再生资源研究》2000 年第 5 期。

回收利用责任；其二，建立一个覆盖范围广泛的第三方组织机构，将自身的回收利用责任委托给专业的第三方机构去履行，并且这个第三方机构必须保障收集来的废旧包装不被简单填埋或焚烧，而是作为原材料使用。德国的生产商和销售商选择了后者，通过成立德国回收利用系统股份公司（又称德国双元回收体系，Duales System Deutschland，DSD）来负责产品包装废弃物的分类、收集、处理和再生利用责任。

2. 回收目标

包装法对所有包装废弃物的回收规定了具体的定额指标和实施期限。按照 1991 年通过的包装法，第一阶段计划于 1994 年 1 月前回收 50% 的包装物，第二阶段计划于 1995 年 7 月前回收 80% 的包装物，并要求收集的包装废弃物中的 50% ~90% 必须循环使用。此外，对于运输包装，要求在技术可行和经济合理的范围内，回收的运输包装必须重复使用或再生利用。1998 年包装法的修订版规定了不同种类废弃包装更明确的回收比例指标，也即目标管理制度的正式实施。同时，1998 年修订的包装法规定从 1999 年 1 月 1 日开始实施，规定到 2001 年 6 月 30 日以前，全部包装废弃物的被利用率应达到 65%，材料利用率达到 45%。2019 年初实施的新包装法，则对不同种类包装废弃物的回收目标进行了更进一步的规定。表 6 – 2 和表 6 – 3 分别展示了 1998 年修订的包装法以及目前正在实施的包装法对包装材料利用率具体规定，即各种包装的材料利用率在规定期前必须达到的具体目标要求。

表 6 – 2    德国废弃包装物材料再利用率目标（1998 年版本）

| 包装材料 | 1998 年修订版 | |
| --- | --- | --- |
| | 1996. 01. 01 起 | 1999. 01. 01 起 |
| 玻璃 | 70% | 75% |
| 马口铁 | 70% | 70% |

续表

| 包装材料 | 1998 年修订版 | |
| --- | --- | --- |
| | 1996.01.01 起 | 1999.01.01 起 |
| 铝 | 50% | 60% |
| 纸、纸板、纸箱 | 60% | 70% |
| 复合材料 | 50% | 60% |

表 6-3 德国废弃包装物材料再利用率目标（2019 年版本）

| 包装材料 | 2019 年修订版 | |
| --- | --- | --- |
| | 2019.01.01 起 | 2022.01.01 起 |
| 玻璃 | 80% | 90% |
| 纸、纸板 | 85% | 90% |
| 黑色金属 | 80% | 90% |
| 铝 | 80% | 90% |
| 饮料纸盒包装 | 75% | 80% |
| 其他复合包装 | 55% | 70% |
| 塑料（全部） | 90% | 90% |
| 塑料（机械回收） | 58.5% | 63% |

资料来源：Der Grüne Punkt. Sustainability Report 2015/2016, https：//www. gruener - punkt. de/en/sustainability/strategy - 1516. html. - 2019.07.21.

### 3. 运作方式——"绿点"回收体系

为完成包装法所规定的回收义务，并享受法律规定的免税政策，1990 年底，95 家生产商和销售商自发组建了专门组织包装废弃物回收利用的第三方非营利性机构——德国双元回收利用系统股份公司（Duales System Deutschland，DSD，亦称为 Der Grüne Punkt，即"绿点"公司）。鉴于在 DSD 建立之前，德国已经存在了由地方政府负责监督运行的公共生活垃圾回收处理系统，所以该机构又被称为德国双元回收体系，即在正常存在的这套政府回收体系之外，重新建立的与之并行且专门负责包装废弃物回收处理的体系。该机构的具体管理工作由 3 人组成的董事会执行；最高机构为 12 人组成的监事会，分别由包装制品厂商、产品生产厂商、分销商以及废物管理部门的代表各 3 人组成；公司同时设立专门的顾问委员会，由政界、工商界、科研机构与消费者组织代表组成，专门负责公司与各类社会团体的协调工作。该公司创建初期任务明确、目标单一，就是组织包装废弃物的回收、分类、处理和循环利用工作。作为一家非营利性组织，DSD 的活动经费完全来源于"绿点"标志（见图 6-8）的使用许可费，因此该体系有时也被称为"绿点回收体系"，各个会员企业通过缴纳回收处理费用来转移回收再利用的义务。

**图 6-8　德国"绿点"标志①**

图 6-9 展示了 DSD 的运作流程。

　　首先，政府颁布法律制定各种包装废弃物的回收目标，监督产品生产者和销售者履行回收包装废弃物的延伸生产者责任。其次，商品生产者与销售者同 DSD 签订协议，申请在其生产销售的产品

---

① 　图片来源：http://www.gruener-punkt.de/en.

包装上使用 DSD 授权的绿点标志，在支付"绿点"标志使用许可费后便可将废弃包装物的回收再利用义务转移给 DSD 公司，由 DSD 公司统一组织其产品包装废弃物的回收再利用工作。然后，DSD 通过与其上游的废弃物管理公司签署委托处理合同，并支付相关费用，由这些上游企业完成包装废弃物的回收、分类和再利用工作，在这个过程中，DSD 公司不参与具体回收再利用工作，而只起到监督、管理和协调的作用。最后，DSD 在完成包装法规定的各项回收再利用目标后，还必须向州政府提交年度回收报告，说明每年的回收数量等内容，以证明其确已履行相关义务，完成相关规定。由此，DSD 公式作为纽带将包装废弃物的全部上下游企业连接起来，形成一个闭合回路，上传下达，监督运营，较为完美地完成了包装废弃物的回收目标。

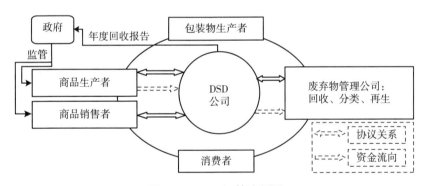

**图 6 – 9　DSD 运转流程图**

资料来源：本图参考既有文献绘制而成。参见周固君、梅凤乔：《德国二元回收体系及其对中国固废管理的启示》，载《安徽农业科学》，2009 年第 15 期；Der Grüne Punkt. Sustainability Report 2015/2016，https：//www. gruener – punkt. de/en/sustainability/strategy – 1516. html. – 2019. 07. 21.

## （三）运行效果

德国目前已经成为包装回收领域最为重要的领跑者之一，封闭式循环经济（The closed-cycle economy）模式已覆盖 10 000 家以上的公司①。DSD 系统的建立极大地带动与促进了德国包装废弃物的减量与回收利用，使得目前德国不仅在包装废弃物的回收利用领域取得了明显的环保成效，而且取得了显著的经济效益和社会效益。

首先，从德国废弃包装物目标管理制实施的直接环保效果来看，自有关法规实施以来，德国各类包装废弃物的回收利用率均达到或超过了法定目标，极大促进了垃圾分类及回收再利用工作的开展——1990 年刚开始推出包装废弃物分类时，玻璃瓶、纸质垃圾和生活类垃圾只占到全部垃圾的 13%，也就意味着 87% 的包装废弃物是没有被分类的，而从目前来看，包装废弃物的分类越来越精细化，回收利用效益也越来越明显。与此同时，在企业生产层面，为了树立自身的生态环保形象，并尽量减少支付绿点商标使用费，目标管理制的实施令绝大多数生产企业在容器及包装材料上力求使包装简单轻便，大幅减少了包装使用量，总的包装消耗从 1991 年的 1 301 万吨降低至 2001 年的 1 234 万吨，人均消耗的销售包装从 1991 年的 95.4 千克降低至 2001 年的 86.4 千克。

其次，德国目标管理制下的双元回收体系不仅高质量完成了包装法所规定的回收再利用要求，而且还取得了显著的经济效益。按照德国绿点公司报告 *Economic outlook for plastics recycling-the dual system's role*，2014 年，德国的包装废弃物回收利用市场容量约为 3.15 亿欧元，年均净经济效益高达 1.85 亿欧元。按照已有研究成果的估算②，该公司包装废弃物的回收再利用成本约为 7.75 亿欧元，回收的总经济效益约为 9.6 亿欧元。并且，随着技术的进步和竞争机制的引入将使该系统的成本不断下降，经济效益也将稳步提

---

① 以下主要数据资料均来源于 Der Grüne Punkt. Economic outlook for plastics recycling-the dual system's role, https：//www. gruener-punkt. de/en/sustainability/rwi – study. html. – 2019. 07. 21.

② 报告参考了如下研究成果，Franke, M., K. Reh and P. Hense (2014), "Ökoeffzienz in der Kunststoffverwertung".

升。按照估算，通过优化收集、分类和回收体系，纳入相同材料的非包装废弃物的统一回收，以及制定更高的回收目标，德国"绿点"回收体系的经济潜力将得到进一步发掘，令年度经济效益从2014年代的9.6亿欧元增长至2030年的14亿欧元。

与此同时，德国双元回收体系的实施不仅带来了极大的生态环保效益和经济效益，而且还间接地带来了就业岗位的增加以及碳排放的减少。在增加就业岗位层面，到2014年，德国的回收部门大约提供了10 000个工作岗位。在减少碳排放方面，按照上述已有研究成果的估算，德国双元回收体系的实施能够带来每年约272万吨的二氧化碳减排效果，相当于一年内近75万辆轿车的碳排放总量，由此计算该体系的减排成本约为17欧元/吨，远低于德国联邦环境局调查公布的减排成本平均值为77欧元/吨，这也意味着该体系将在减少碳排放方面发挥出巨大的潜力。

# 二、欧盟 WEEE 指令

## （一）指令背景

20世纪90年代，电器电子产品制造业是西方发达国家发展最快的领域之一。技术创新和市场膨胀加速了电器电子产品的需求量以及更新换代速度，在高新技术快速发展的背景下，电器电子产品为人类带来了极大好处的同时，也产生了巨额的废弃物。1998年，欧盟国家的电器电子废弃物数量高达600万吨，占城市固体废弃物的4%，并且，这些废弃电器电子产品的增长速度是其他城市固体废弃物增速的 3 倍①。不断增长的废弃电子电器产品不仅对环境造成了较为严重的危害，危及人类健康，而且还是对资源的极大浪费。

鉴于上述原因，电器电子产品废弃物成为欧盟各国普遍关注的问题之一，并且一些国家也出台或草拟了一些相关法律，旨在解决此类问题。例如，德国于 1991 年 7 月颁布了《电子废弃物法规》，1992 年又起草了《关于防止电子、电器产品废弃物产生和再利用法草案》；奥地利在 1994 年 3 月起草了《电子电器废弃物法草案》；1998 年比利时一些地区制定了有关白色家电和褐色家电的法规，规定了金属及塑料的回收目标；荷兰则于 1998 年 4 月正式颁布了《白色和棕色家电处理法》（*Disposal of White and Brown Goods Decree*），成为欧洲首个对电器电子废弃物进行立法的国家。上述法律的起草或实施，对欧盟 WEEE 指令的形成产生了很大影响。考虑到这些国家各自制定的废弃物标准在原则和政策上的差异，不利于统一的市场建设，并将对欧盟内部的贸易机制产生桎梏，欧盟委员会认为有必要建立一个统一的制度法规，从源头上避免有害废弃物的产生，规范废弃电器电子产品的分类、回收及处理，以尽量减少这些废弃物对生态环境的影响②。

为此，2003 年 2 月 13 日，欧盟颁布了由欧洲议会和欧盟部长理事会共同批准的两项电子环保指令，即《关于在电子电器设备中禁止使用某些有害物质指令》（*Restriction of Hazardous Substances*，即 ROHS 指令）和《废弃电子电器设备指令》（*Directive on Waste Electrical and Electronic Equipment*，即 WEEE 指令，以下简称旧版 WEEE 指令），前者旨在限制电器电子产品中使用某些有害物质，

---

① 资料来源：European Commission. WEEE and RoHS frequently asked questions，http：// www. epa. ie/pubs/advice/waste/weee/EPA_eu_faq_weee_rohs_2005. pdf，2006.08.
② 陈晨：《欧盟电子废弃物管理法研究》，中国海洋大学出版社 2007 年版；顾长青、杭敏华：《完善贸易行为保护自然环境——欧盟 WEEE 指令和 ROHS 指令浅析》，载《机电信息》2005 年第 15 期。

后者则要求欧盟市场上销售的所有电器电子产品生产企业需要自行承担报废产品的回收处置费用。WEEE 指令于 2005 年 8 月 13 日开始实施，标志着欧盟正式在废弃电器电子产品领域实施生产者责任延伸制度。2012 年，在该指令实施了近 6 年以后，欧盟委员会与欧洲议会达成一致，颁布了新版的 WEEE 指令 2012/19/EU（以下简称新版 WEEE 指令），对既有法令做了修改完善，并于颁布当年 7 月 24 日开始正式实施。

## （二）指令简介

### 1. 实施责任

按照 2003 年颁布的旧版 WEEE 指令①，该指令的实施目的主要有三个：一是减少电器电子产品废弃物；二是提高报废电器电子设备的循环再利用率；三是改善电器电子产品的全生命周期的环境品质。为实现这些目标，旧版 WEEE 指令向各国规定了具体实施的时间表，如表 6 - 4 所示，按照要求规定，各国应在 2005 年开始实施废弃电器电子产品回收再利用的相关法规，并在 2008 年底之前完成规定的回收再利用目标。

按照旧版 WEEE 指令的第 175 条条款，各国应遵循"污染者付费"原则，这就意味着各国在废弃电器电子领域应实施生产者责任延伸制度，让产品生产者承担电器电子产品全生命周期管理费用。在该指令要求下，生产商既可以自行或联合其他成员履行废弃产品的回收再利用责任，也可以通过付费方式来通过第三方回收体系完成这项工作。

---

① 参考资料：European Commission. Directive on Waste Electrical and Electronic Equipment (2002/96 / EC)，https：//eur - lex. europa. eu/legal - content/EN/TXT/? uri = CELEX：32002L0096，表 6 - 4 也是由作者按照该法案整理而得。

表6-4                      **WEEE 实施时间表**

| 时间 | 规定 |
| --- | --- |
| 2004 年 8 月 13 日之前 | 各成员国完成 WEEE 法律法规的制定 |
| 2005 年 8 月 13 日之前 | 各成员国实施 WEEE 法律法规，开始实施废弃电器电子产品的分类回收和再利用，产品制造商有义务对产品的收集、处理和循环再利用工作进行付费 |
| 2006 年 12 月 31 日之前 | 各成员国实现报废电器电子设备人均 4 千克/年的回收目标；生产者按类别完成 WEEE 指令规定的法定回收率目标 |
| 2008 年 12 月 31 日之前 | 欧洲议会和理事会根据欧盟委员会的提议，并结合各国实施的经验，重新制定新的强制性回收目标 |

### 2. 回收目标

如上所述，旧版 WEEE 指令对成员国废弃电器电子产品的回收目标和实施期限都做出了具体规定。在指令实施过程中，欧盟开展了多次实施评估。2012 年颁布的新版 WEEE 指令，对废弃电器电子产品的种类、回收目标等内容做出了新的规定，以应对电子废弃物持续增长的态势。表6-5 和表6-6 分别列示了旧版与新版 WEEE 指令的具体目标值[①]。

需要指出的是，新版 WEEE 指令中总的回收利用率和再循环使用率均在老指令的基础上增加了 5%。同时，考虑到要为各个成员国留足充分的准备时间，新指令规划了一个过渡期，既 2015 年 8 月 15 日之前沿用旧版 WEEE 指令中规定的目标值，2015 年 8 月 15 日~2018 年 8 月 14 日，相应分类目标值均增加 5%，自 2018 年 8 月 15 日起，则按照新划分的 6 类标准来执行回收利用率和再循环使用率目标值，以此来分阶段进行规范。

---

① 注：表6-5 和表6-6 由作者根据以下两版本指令整理而得：European Commission. Directive on Waste Electrical and Electronic Equipment（2002/96/EC），https：//eur-lex. europa. eu/legal-content/EN/TXT/？uri＝CELEX：32002L0096；European Union. Directive on Waste Electrical and Electronic Equipment（2012/19/EU），https：//eur-lex. europa. eu/legal-content/EN/TXT/？uri＝CELEX：32012L0019.

表 6-5　　　　　　　　旧版 WEEE 指令回收目标　　　　　单位：%

| 序号 | 类别 | 执行时间 2005.08.13～2012.08.12 | |
| --- | --- | --- | --- |
| | | 回收利用率 | 再循环使用率 |
| 1 | 大型家用电器 | 80 | 75 |
| 2 | 小型家用电器 | 70 | 50 |
| 3 | 信息和通信设备 | 75 | 65 |
| 4 | 消费类设备和光伏太阳能板 | 75 | 65 |
| 5 | 照明设备 | 70 | 50 |
| — | 气体放电灯 | — | 80 |
| 6 | 电动工具（大型固定工业用工具除外） | 70 | 50 |
| 7 | 玩具、休闲和运动设备 | 70 | 50 |
| 8 | 医用设备（所有植入和感染性产品除外） | 70 | 50 |
| 9 | 监测和控制仪器 | 70 | 50 |
| 10 | 自动售货机 | 80 | 75 |

### 3. 执行情况

对于指令转化时间，如表 6-4 所示，旧版 WEEE 指令规定，各成员国应在指令颁布后的 18 个月内将指令转化为本国的法律加以执行，多数国家根据本国的现实情况履行了该指令。然而，也有少部分国家由于某些原因推迟了生产商承担 WEEE 管理责任的实施日期，直到 2005 年中旬，仍然有八个国家（爱沙尼亚、芬兰、法国、希腊、意大利、马耳他、波兰、英国）没有完成该指令的转化任务。经欧洲委员会催促，除英国和马耳他以外的其他六国均完成了转化任务，而没有完成转化任务的英国和马耳他则被欧洲委员会起诉。作为最晚实现指令转化的国家，英国制定的 WEEE 法规直到 2007 年 1 月 1 日才开始正式生效[1]。

---

[1] 本小节的内容由作者根据下述文献整理而得：陈晨：《欧盟电子废弃物管理法研究》，中国海洋大学博士学位论文，2007 年。

表6-6

## 新版 WEEE 指令回收目标

单位：%

### 过渡期

| 序号 | 类别 | 执行时间 2012.08.13~2015.08.14 回收利用率 | 再循环使用率 | 执行时间 2015.08.15~2018.08.14 回收利用率 | 再循环使用率 |
|---|---|---|---|---|---|
| 1 | 大型家用电器 | 80 | 75 | 85 | 80 |
| 2 | 小型家用电器 | 70 | 50 | 75 | 55 |
| 3 | 信息和通信设备 | 75 | 65 | 80 | 70 |
| 4 | 消费类设备和光伏太阳能板 | 75 | 65 | 80 | 70 |
| 5 | 照明设备 | 70 | 50 | 75 | 55 |
| # | 气体、放电灯 | — | 80 | — | 80 |
| 6 | 电动工具（大型固定工业用工具除外） | 70 | 50 | 75 | 55 |
| 7 | 玩具、休闲和运动设备 | 70 | 50 | 75 | 55 |
| 8 | 医用设备（所有植入和感染性产品除外） | 70 | 50 | 75 | 55 |
| 9 | 监测和控制仪器 | 70 | 50 | 75 | 55 |
| 10 | 自动售货机 | 80 | 75 | 85 | 80 |

### 正式期

| 序号 | 类别 | 执行时间 2018.08.15 以后 回收利用率 | 再循环率 |
|---|---|---|---|
| 1 | 温度交换设备 | 85 | 80 |
| 2 | 显示器、监视器，含有超过100平方厘米以上显示屏的设备 | 80 | 70 |
| 3 | 灯类产品 | — | 80 |
| 4 | 大型设备（外边长超过50cm） | 85 | 80 |
| 5 | 小型设备（外边长不超过50cm） | 55 | 80 |
| 6 | 小型信息和通信设备（外边长不超过50cm） | 55 | 80 |

对于指令转化的方式，鉴于各国在之前有无电器电子产品废弃物管理法律的情况不同，它们对于转化指令的方式也有所差异。对于已经存在相关法律的成员国而言，它们主要是对国内既有法律进行适当修改，使之符合 WEEE 指令的相关要求。对于先前没有电器电子废弃物管理立法的国家而言，则要制定新法律，既要保证所制定的各项措施切实可行，又要向社会各界尤其是利益相关者公开征求意见，同时还要调整国内相关法律法规，以避免法律法规之间的冲突。为此，多数国家采取的方案是先制定一个框架性法律以满足转化指令，再逐渐在实施过程中制定二级法规和实施导则来对具体措施进行完善，同时也有英国这样的国家采取一步到位的方式直接制定出切实可行的电子废弃物管理法，因而其实现转化的时间也相对晚些。

在目标管理制的执行层面，如表 6 – 4 所展示的，指令要求各成员国在 2006 年 12 月 31 日之前执行指令所规定的回收目标。对于多数成员国来说，由于这些目标的制定参考了已实施成员国经验值，指令规定的目标基本可以在一定的努力下实现；然而，对于一些人口密度较低、地理环境特殊、电器电子产品消费量少，或循环利用基础设施欠缺的国家而言，在指令规定日期前实现目标的难度仍是相对较大的，因而欧洲委员会给予部分国家一定的宽限时间，允许这些国家享有 12 个月或 24 个月的宽限期。

从回收处理系统的模式选择来看，成员国建立电子废弃物回收处理系统的模式主要有两种：一种是"全国性集体系统"（National Collective System），另一种是"信息交流机构系统"（Clearing House System）。前者由 1～2 个大的生产者责任组织（PROs）负责电器电子废弃物的回收处理工作，国内的电器电子设备生产商通过与该组织签订合同以加入该组织，向组织提供必要的回收要求和回收费用，而具体的回收处理职责，就交给 PROs 组织来承担，那些已经建有废弃物回收系统的国家以及国内市场规模较小的国家基本上都是采取这种模式进行运转的。而后者则是通过建立一个"信息交流机构"或全国性登记机构，来收集统计全国所有电器电子设备生产者的相关信息，决定各个生产者需承担的责任，并监督生产者的义务履行情况，这个中介机构并不直接参与废弃物的回收处理流程，而是独立于整体环节的一个监督机制，这种方式引入了竞争机制，对于德国、法国等大国执行起来较为容易，因而也有一些国家采取了这种模式。

## （三）运行效果

WEEE 指令诞生至今已有十余年的时间，可以说，欧盟在电器电子废弃物的目标管理制实施上已经积累了很多经验，并且不断被世界上其他国家研究与效仿，其取得的回收环保效果也是十分显著的[①]。

表 6-7 展示了欧盟各国不同品类的电器电子产品的回收情况。2016 年，大型家用电器约占废弃产品回收总量的 55.6%，小型信息和通信设备占 14.8%，消费者设备及光伏组件占 13.5%，其余七类共占约 7.2%。同时，不同国家在废弃物回收品类所占比重上也有所差异。

表 6-7　　　欧盟各国废弃电器电子产品回收情况（2016 年）　　　单位：吨

| 国家 | 回收总量 | 大型家用电器 | 小型家用电器 | 小型信息和通信设备 | 消费设备和光伏板 | 其他 |
|------|---------|-------------|-------------|------------------|----------------|------|
| 比利时 | 127 680 | 56 831 | 15 199 | 21 933 | 22 804 | 10 913 |
| 保加利亚 | 61 481 | 45 159 | 4 934 | 3 515 | 3 261 | 4 612 |

① 注：以下数据由作者整理计算而得，数据来自欧盟统计局官方资料，详见官网：https：//ec. europa. eu/eurostat/statistics - explained/index. php？title = Waste_statistics_ - _electrical_and_electronic_equipment#EEE_put_on_the_market_and_WEEE_collected_in_the_EU.

续表

| 国家 | 回收总量 | 大型家用电器 | 小型家用电器 | 小型信息和通信设备 | 消费设备和光伏板 | 其他 |
|---|---|---|---|---|---|---|
| 捷克 | 91 513 | 46 625 | 9 716 | 13 618 | 15 568 | 5 986 |
| 丹麦 | 71 209 | 38 391 | 5 536 | 10 553 | 12 644 | 4 085 |
| 德国 | 782 214 | 323 011 | 140 177 | 114 668 | 132 176 | 72 182 |
| 爱沙尼亚 | 12 922 | 8 060 | 681 | 1 381 | 2 341 | 459 |
| 爱尔兰 | 51 303 | 29 810 | 2 242 | 7 933 | 8 166 | 3 152 |
| 希腊 | 53 715 | 34 832 | 3 650 | 5 235 | 7 544 | 2 454 |
| 西班牙 | 249 983 | 151 485 | 23 163 | 22 866 | 37 483 | 14 986 |
| 法国 | 721 949 | 418 499 | 40 337 | 94 008 | 118 968 | 50 137 |
| 克罗地亚 | 38 815 | 19 768 | 759 | 5 442 | 11 681 | 1 165 |
| 意大利 | 344 629 | 168 598 | 29 093 | 59 425 | 64 803 | 22 710 |
| 塞浦路斯 | 2 963 | 2 016 | 127 | 312 | 334 | 174 |
| 拉脱维亚 | 4 842 | 2 508 | 392 | 513 | 307 | 1 122 |
| 立陶宛 | 13 026 | 6 390 | 939 | 1 857· | 1 654 | 2 186 |
| 卢森堡 | 6 191 | 3 017 | 477 | 809 | 1 256 | 632 |
| 匈牙利 | 58 615 | 31 885 | 5 601 | 9 718 | 9 389 | 2 022 |
| 马耳他 | 1 673 | 971 | 8 | 330 | 289 | 75 |
| 荷兰 | 154 675 | 76 274 | 13 352 | 28 275 | 25 057 | 11 717 |
| 奥地利 | 84 776 | 36 497 | 8 688 | 18 934 | 15 016 | 5 641 |
| 波兰 | 232 653 | 115 738 | 23 987 | 31 680 | 20 912 | 40 336 |
| 葡萄牙 | 69 655 | 40 614 | 8 852 | 9 437 | 5 070 | 5 682 |
| 罗马尼亚 | 32 159 | 20 465 | 1 021 | 4 803 | 3 513 | 2 357 |
| 斯洛文尼亚 | 12 072 | 5 190 | 1 258 | 2 659 | 2 297 | 668 |
| 斯洛伐克 | 28 252 | 15 093 | 2 084 | 3 998 | 4 113 | 2 964 |
| 芬兰 | 60 216 | 32 505 | 2 298 | 9 512 | 12 234 | 3 667 |
| 瑞典 | 163 237 | 81 510 | 7 409 | 26 268 | 33 122 | 14 928 |

续表

| 国家 | 回收总量 | 大型家用电器 | 小型家用电器 | 小型信息和通信设备 | 消费设备和光伏板 | 其他 |
|---|---|---|---|---|---|---|
| 英国 | 971 321 | 672 606 | 55 965 | 159 161 | 45 211 | 38 378 |
| 冰岛 | 3 925 | 1 887 | 176 | 545 | 563 | 754 |
| 列支敦士登 | 525 | 181 | 181 | 72 | 55 | 36 |
| 挪威 | 102 577 | 47 743 | 6 093 | 14 515 | 13 220 | 21 006 |
| 欧盟合计 | 4 526 424 | 2 514 673 | 408 050 | 668 513 | 609 934 | 325 254 |

图 6 - 10 展示了欧盟在 2010～2016 年电器电子产品的投放量、回收量、处理量和再利用量。从图中不难看出，欧盟 WEEE 指令的实施效果十分显著，2016 年的废弃电器电子产品回收数量多达 452 万吨，再利用总量达 380 万吨。从发展趋势来看，无论是产品的市场投放量还是废弃物的回收处理量均有所增长，市场投放总量年均

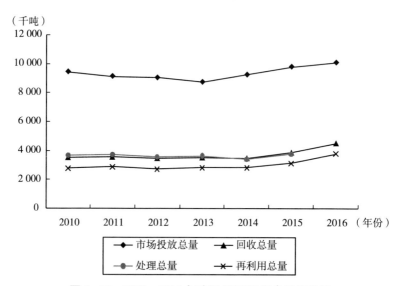

图 6 - 10　2010～2016 年欧盟 WEEE 指令实施效果

增长率为 1.14%，产品回收数量年均增长率为 4.73%，产品处理数量年均增长率为 0.55%，而再利用总量的年均增长率则高达 6%。

## 三、启示

经上述分析可以发现，无论是德国的双元回收系统，还是欧盟的 WEEE 指令，这些以生产者责任延伸制度为基本原则的目标管理制，在历经时间的检验与洗礼后都取得了较为显著的成效，为中国开展废弃物回收再利用时采取目标管理制度提供了良好的经验借鉴与启示。总结起来，上述实例的成功经验主要有两个：

一是，以法律法规形式确立明确的回收目标。经验表明，无论是德国的双元回收系统建立之前包装法的出台，还是欧盟的 WEEE 指令中对各成员国组织立法的要求，都意味着目标管理制度的实施应当有法可依，奖惩有序。并且，随着时间的变化，制度体制逐渐为大众所接纳，有必要根据既有经验重新修订相关法律，使之符合现实发展的需要。

二是，具体制度安排应根据国情需要量体裁衣。欧盟 WEEE 指令提出成员国应当实施生产者责任延伸制度，但具体的回收处理方式和回收处理系统由各国根据自身的废弃物处理基础、经济、人口和地域特征等具体条件自行选择，一些基础较好的国家选择了由生产者组织（PROs）组成的全国性系统统一回收；有一些市场规模较小或居住分散的国家则可以选择独立收集、统一申报的模式，量体裁衣是欧盟 WEEE 指令的灵活之所在。

同时需要指出的是，目标管理制度虽然由于其机制简单、适用性强的特点备受各国青睐，但若顺利开展，实施目标管理制的领域大多具有产业集中度高、数据易于统计核实的特点，由此来考核生产者履行目标责任的效果才较为容易。然而，并非所有产业都具有这一特点，因而在现实推行过程中，目标管理制度通常会与基金制度和押金返还制度配合使用，例如德国绿点回收系统要求生产商提前缴纳回收处理基金，属于基金制，而一些国家在推行 WEEE 指令时则配合押金制来完成，从而更顺利地推行这一制度。

# 第七章　押金返还制度

## 第一节　押金返还制度概念

### 一、押金返还制度内涵

　　环境押金制度最开始出现于西方发达国家，在 20 世纪 70 年代，部分发达国家为了解决固体废物环境污染问题，就已经通过立法建立了具有环境押金性质的制度。

　　在不同国家，环境押金制度的名称及含义也各不相同。日本的环境押金制度称为预托金返还制度，是针对销售具有潜在环境污染风险的产品而实施的，如果满足特定的条件，就将预托金予以返还①。瑞典的环境押金制度称为回收及保证金制度，是对可能引起环境污染的产品收取一定费用，当产品废弃部分回到储存、处理和

---

循环利用地点时，就退还先前所收取的费用①。美国的环境押金制度包括饮料容器押金制度和履约保证金制度，饮料容器押金制度和瑞典的回收及保证金制度相同，履约保证金制度是指在开采木材、煤炭、石油、天然气等自然资源时向开采者收取一定的保证金，当某些义务得到履行后再将保证金予以返还②。

OECD 对环境押金制的定义：对可能引起污染的产品征收押金（收费），当产品回到储存、处理或循环利用地点时退还押金③。用户如果把这些产品或产品的残留物返还到收集系统，从而使得污染得以避免时，用户缴纳的附加费将被返还④。

在中国，关于环境押金制度的内涵有广义和狭义之分。广义的环境押金制度，是指在进行可能造成环境污染或自然资源破坏的活动时，预先交纳一定数额的费用，如果在活动中未出现破坏或污染环境的情形，押金将退回，否则就将其作为治理恢复生态环境的费用⑤。从广义的概念出发，环境押金制度可分为自然资源利用保护押金、生态环境保护押金和污染防治押金三类。其中，污染防治押金即狭义的环境押金，多数学者采用狭义的环境押金概念。汪劲和田秦对环境押金制度做了初步定义：对潜在污染的产品在销售时增加一项额外费用，如果通过回收这些产品或把它们的残余物送到指定的收集系统后达到了避免污染的目的，就把押金退回购买者⑥。张烨则将环境押金制度称为绿色押金制度，指向具有潜在污染性产品的购买者收取适当的附加费用，当购买者把潜在污染性产品退回

---

① 商务部对外合作公司：《瑞典饮料包装的回收机制》，载《中国包装工业》2004 年第 11 期。

② 王建明：《城市固体废弃物管制政策的理论与实证研究：组织反应、管制效应与政策营销》，经济管理出版社 2007 年版，第 202 页。

③ 经济合作与发展组织：《环境经济手段应用指南》中国环境科学出版社 1994 年版。

④ 张世秋、李彬：《环境管理中的经济手段》（OECD 环境经济与政策丛书），中国环境科学出版社 1996 年版，第 92 页。

⑤ 王小凤：《论环境押金制度》，载《中国环境科学学会学术年会优秀论文（2006）》，中国环境科学出版社 2006 年版。

⑥ 汪劲、田秦等：《绿色正义——环境的法律保护》，广州出版社 2002 年版，第 149 页。

回收系统时返还所收附加费的一项制度①。

生产者责任延伸制度下的押金返还制度（Deposit Refund System，DRS），是指为了减少固体废弃物产生和随意丢弃而采取的一种环境管理手段，消费者在购买特定产品时，需额外支付一定数额的回收押金，产品消费废弃后，消费者只有将废弃物返还给销售者或者指定回收者并退还押金的一种制度安排。

押金返还制度是一种双层作用系统，是在产品消费阶段预收处理税和在废弃阶段给予回收补贴的结合，通过对产品消费时预征垃圾处理税以实现源头减量，在消费废弃后回收时进行补贴以确保废弃产品回收和循环利用。同时，该制度有效避免了预收处理费制度和回收补贴制度各自的不足之处，与预收处理费用相比，押金返还制度避免了过度抑制生产的低效率，因为征收押金不影响产品的实际价格，对生产的负面影响较小；与回收补贴制度相比，押金返还制度又避免了接受补贴可能造成的过度消费、过度废弃的不良后果，并降低了政府财政负担。

押金返还制度能有效降低政府信息成本和监督管理成本。在该制度下，消费者为获得押金返还有动力去交换废弃物，而无须第三方监管，这种责任的转移有效降低了监管成本。押金返还制度主要从两方面促进废弃物的回收：第一，该制度激励产品购买者返还容器、包装或其他使用过的产品；第二，该制度促进没有购买产品的其他人（如拾荒者）捡拾垃圾并返还。

押金返还制度可分为两类：一是市场驱动型，市场主体为回收可重复利用的产品而自发建立的回收体系；二是政府驱动型，政府通过法律强制对一些产品的销售征收押金，通过押金返还促进回收。

市场驱动型押金返还制度常见于可重装的饮料瓶、啤酒瓶等，

---

① 张烨：《论绿色押金制度》，http：//www.cn-hw.net/html/34/200901/8581.html。

企业实施的经济学基础是废弃物的利用价值或生产新产品的成本高于回收成本，企业将押金回收的运用作为降低成本的经营策略，间接起到了降低环境污染的作用。

政府驱动型押金返还制度通常用于废旧电池等环境危害较大的产品，由政府主导通过立法规定推行押金制度以提高产品废弃后的规范回收率。

## 二、适用范围及条件

### （一）适用范围

从国内外 EPR 制度实施的具体实践来看，押金返还制度由于需要消费者承担押金的缴纳义务，涉及产品生命周期资金的沉淀和管理，因此押金返还制度一般适用于快速消费类产品，如饮料容器，主要包括矿泉水瓶、汽水瓶、饮料瓶、啤酒瓶、烈性酒酒瓶、葡萄酒酒瓶等。另外，由于押金返还制度具有良好的规范物质回收功能，在美国、欧盟等国家和地区该制度也被用于铅酸蓄电池、荧光灯等环境危害大的产品回收，丹麦对汽车也征收押金。

### （二）适用条件

押金返还制度作为一种生产者物质责任延伸的具体制度安排，核心是押金的征收和返还。因此，在具体推行该制度时应具备以下条件：

一是产品属于快速消费品。由于押金返还制度是在产品销售环节向消费者征收，在产品废弃并从消费者处交回后才予以返还，因此消费周期较长的产品不适宜采用押金返还制度。这一方面是因为消费周期过长，消费者将丧失更长周期的押金额使用权，另一方面是因为周期过长，市场形势变化将使得原先确定的押金征收标准不适应新形势的变化，不一定能保证废弃产品的交回，如较长一段时期后，某一废弃产品再利用价值远远超过押金额，消费者很可能会将废弃产品销售给其他回收利用者而不是交回以获得押金。

二是规格统一的标准化产品。以饮料容器为例，目前市面上的啤酒瓶、易拉罐、酸奶瓶、饮料瓶等的材质都是相同的，容量基本都是统一的，对于这一类产品按照材质和容量设定押金，在返还空容器时，不论是对于零售商、回收商还是自动回收设备，都能够较为简单和准确地确定押金金额，便于押金的征收和返还。

三是可循环利用或环境危害大的产品。押金返还制度的核心通过使生产者推动建立押金征收和返还制度，以实现生产者实物回收的目的。因此，对一些可循环利用的产品，如玻璃啤酒瓶、酸奶瓶、标准化包装物等较为适用，但同时这些可循环利用产品占产品成本比重相对较大，对产品价格有一定的影响，否则企业没有动力进行循环利用。另外，对一些产品废弃后存在较大环境危害的产品，如铅酸蓄电池、荧光灯等，实行押金返还制度能够规范产品废弃后的流向，防止消费者随意处置该类废弃产品带来的环境危害。

## 三、小结

押金返还制度是通过在产品销售时对产品征收押金（收费），当产品消费后返还到制定场所时退还押金的一种制度安排，主要适用于快速消费类产品，如饮料容器，主要包括矿泉水瓶、汽水瓶、饮料瓶、啤酒瓶、烈性酒酒瓶、葡萄酒酒瓶等。另外，由于押金返还制度具有良好的规范物质回收功能，也被用于铅酸蓄电池、荧光灯等环境危害大的产品回收。

## 第二节　押金返还制度运行机制

### 一、运行机制

押金返还制度是通过生产者（进口商）在产品销售时向消费者征收押金，消费者在产品废弃后交还废弃产品以获得押金返还的一项制度安排。政府强制征收类押金和企业自主征收类押金在运行机制上存在一定的差别。前者由政府规定押金征收额，并统一押金的管理和运营，后者没有政府参与，企业自主确定押金额，并负责押金的管理和运营。

### （一）政府强制征收类押金运行机制

政府强制征收类押金，在生产者销售产品时按照政府规定在产品价格之外通过各级经销商向消费者征收押金，并将押金统一交给政府指定的押金管理机构进行管理和运营。图 7-1 展示了政府强制征收类押金的运行机制。消费者在产品消费废弃后将废弃产品交还经销商或生产者（含进口商）指定的回收处理者，并获得押金返还。生产者（含进口商）负责自行对交回废弃产品进行合理处置或交由专业机构进行处置。押金的管理将能够产生一定的利息等收入，此外即使产品的回收率会很高，但仍会有一定比例的产品没有进入正规回收渠道，从而导致押金没有返还形成罚没押金。罚没押金和押金的收益除了支付管理费用外，还可用于弥补生产者（含进口商）指定回收处理者的处理成本。

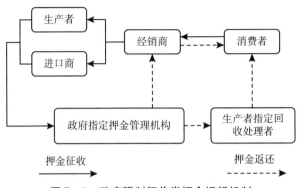

图7-1　政府强制征收类押金运行机制

## （二）企业自主征收类押金运行机制

企业自主征收类押金也分为两类：一类是非循环利用产品，这类产品采用押金制主要是生产者为了完成政府确定的废弃产品回收目标，作为实现产品回收的手段。如欧盟部分国家对废弃包装物征收的押金；另一类是可循环利用产品，生产者实施押金制的主要目的是实现产品的实物回收和循环利用，如中国的玻璃啤酒瓶和酸奶瓶等。

对于非循环利用产品其运行机制类似于上述政府强制征收类押金的运行机制，只是押金额、押金管理机构等是由企业自主决定的，这里就不再详细论述。对于可循环利用产品，其运行机制相对简单，生产者（考虑到运输成本等，一般不包含进口商）在产品销售时通过各级经销商向消费者征收押金，并在消费者返还废弃产品时将押金逐级返还（见图7-2）。

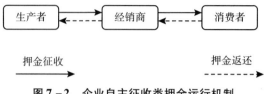

图7-2 企业自主征收类押金运行机制

# 二、押金额测定模型

押金缴纳标准的科学确定是押金返还制度成功与否的关键。理论上押金额越高，对消费者行为的约束和激励越强，产品废弃后的回收率也越高。但对消费者来说，缴纳押金会增加负担，影响当期收入，进而会抑制消费者的购买需求。过高的押金额也会诱发返还欺诈等行为的发生。

从国内外押金返还制度的运行实践看，押金额的测算方法分为定额法和因素法两种。其中，定额法是各国普遍采用的方法。对于可循环利用的包装物等快速消费品，一般采用定额法测算押金额。如中国啤酒企业在销售啤酒时向消费者征收5角钱的押金，对酸奶瓶普遍征收1元的押金。1985年，美国缅因州对杀虫剂容器实施押金制度，对盛放"限制级"杀虫剂的玻璃、金属和塑料容器，按照容量征收押金，30加仑以下的容器押金额为5美元，30加仑以上的容器押金额为10美元。

## （一）单一回收利用体系下押金额的测算

在单一回收利用体系下，我们以 $D_i$ 代表某一产品的单位产品押金额，以 $C_i$ 代表产品废弃后的单位产品回收利用社会边际成本，一般认为押金额应高于废弃物回收利用的社会边际成本，则有 $D_i \geqslant C_i$。但押金额也应考虑商品价格等因素，不宜定得过高。其中，$C_i$

可以通过市场调查和简单测算获得。

## （二）二元回收利用体系下押金额的测算

在二元回收利用体系下，由于存在完整的非正规回收利用体系，消费者在产品废弃后一般是销售给回收者，因此在这些有价商品中推行押金返还制度时，废弃物回收再利用的收益较高，这样在确定押金额 $D_i$ 时不仅要考虑社会边际成本 $C_i$，更要考虑消费者出售废弃产品的价格 $P_i$。押金额必须既比社会边际成本高，还要比消费者销售价格高，则有：$D_i \geq C_i$ 且 $D_i \geq P_i$，否则押金制度将难以发挥实际效果。

# 三、押金返还制度效果影响因素

## （一）押金额大小

设定的押金额的多少会影响消费者返还废弃包装或废弃产品的积极性，一般来说，押金金额越大，废弃品回收率会越高，而当押金金额设定过低时，对消费者的处置行为不会产生明显影响，从而不利于达到预期的回收目标。如美国密歇根州因为征收了比其他州都高的饮料瓶押金（密歇根州对饮料容器的押金额设定为10美分，其他州多为5美分），才实现了比其他州更高的饮料容器回收率。在经济发展水平较低的地区或经济低迷时期，押金金额与回收率的正相关关系更明显。

## （二）产品价格

产品价格也会影响废弃物回收率，对饮料容器而言，当所有容器的押金额相同时，饮料价格越高，押金额占产品价格的比例越低，此时人们对押金额的感知不强烈，返还容器的动力会有所降低。同样使用玻璃容器的啤酒和高端白酒，如果都征收相同标准的押金，啤酒瓶的回收率会高于白酒瓶。这一因素也是美国佛蒙特州对烈性酒征收 15 美分押金，而对其他饮料征收 5 美分押金的主要原因。

## （三）产品消费期限

一般而言，产品的消费使用周期越短，在押金返还制度下废弃物的回收率越高，而当产品的消费周期长达几个月甚至达到一年时，消费者使用后返还的可能性就会降低。例如饮料瓶的消费周期很短，人们消费的数量也较多，实施押金返还制度会取得较高的回收率，而像电池的使用周期较长，且使用频率较低，其回收率会稍低。

## （四）回收网点数量与回收便利性

由于消费者储存和返还废弃物时需要付出一定的成本，故在押金返还制度下，废弃物的回收和押金的返还越便利，消费者在产品和包装物废弃后返还的可能性越高，而当消费者邻近的回收网点越少、返还废弃物的操作越复杂时，回收率会降低。

### （五）其他相关政策

当消费者返还废弃物需要付费尤其是需要按垃圾抛弃量进行付费时，消费者更倾向于将实施押金返还制度的废弃包装物或产品交还至零售商处获得押金，而当消费者无需为垃圾排放付费时，其交还废弃物或包装物的激励会降低。因此，垃圾收费政策会促进产品和包装的回收率提升。

## 四、押金返还制度实施影响

### （一）对生产的影响

实施押金返还制度可能会产生一定的生产替代效应，即生产厂商利用其他未征收押金的材料代替已有材料进行生产，以此降低经销商和销售商需要管理押金和回收物的负担和成本。例如，德国规定对塑料瓶实施押金返还制度以后，多数生产厂商都将软饮料和啤酒的包装由塑料瓶换成了玻璃瓶[①]。但像美国对几乎所有材质的包装瓶都实施押金返还制度时，生产厂商则无需用其他类别的包装来替代原有包装，押金返还制度即可发挥预期效果。在存在生产替代效应时，押金返还制度可能促进生产厂商研发和使用更容易回收、更可循环利用的材料，也可能促使企业生产和发展更加不经济环保的材料。另外，押金返还制度的实施还能够促进专业化回收体系的建设，生产商及相关机构会以此为基础建立较为完善的废弃物回收

---

① 王建明：《城市固体废弃物管制政策的理论与实证研究：组织反应、管制效应与政策营销》，经济管理出版社 2007 年版，第 222 页。

网络和配套的处理中心，实现对废弃物和废弃包装的循环再利用，从而推动再生材料市场的发展。

## （二）对环境的影响

押金返还制度的实施能够产生良好的环境效应，具体体现为能够促进产品或包装等废弃物的循环回收、有效减少垃圾乱扔现象、减少有毒有害物质的排放和对环境的污染等，其中最主要的是循环回收效应[①]。

下面以玻璃容器为例建立经济模型进行分析，如图 7－3 所示，玻璃容器的市场需求曲线为 D，原生玻璃容器的供给曲线为 $S_n$，再生玻璃容器供给曲线为 $S_r$，玻璃容器的市场总供给曲线为 $S(S = S_n + S_r)$。初始玻璃容器的市场均衡价格为 $P_0$，再生玻璃容器

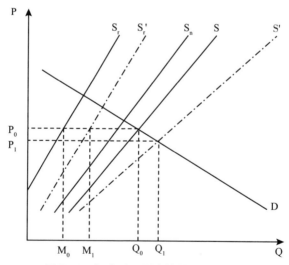

图 7－3　押金返还制度的循环回收效应

① 　王建明：《城市固体废弃物管制政策的理论与实证研究：组织反应、管制效应与政策营销》，经济管理出版社 2007 年版，第 223 页。

的供给量为 $M_0$。实施押金返还制度后，直接抛扔玻璃容器的机会成本上升，使得循环回收增加，垃圾排放量下降。如图所示，实施押金返还制度后，再生玻璃容器的供给曲线由 $S_r$ 移动到 $S_r'$，市场总供给曲线由 $S$ 移动到 $S'$，市场均衡价格由 $P_0$ 下降到 $P_1$，再生玻璃的数量由 $M_0$ 增加到 $M_1$，废旧玻璃容器的排放减少量为 $M_1 - M_0$。

## 五、小结

押金返还制度分为政府强制推行类和企业自主实施类，其运行机制基本相似，都是生产者在产品销售时征收押金，并在消费者消费后返还时退还押金，所不同的只是押金额的征收前者是由政府强制规定的，后者是企业自主确定的。但无论是哪种模式，在确定押金额时都要不低于社会边际成本，在二元回收利用体系下还要不低于废弃产品的销售价格。押金制度的实施效果会受到押金额、产品价格、消费期限、返还便利性和其他政策的影响。同时，押金制度的实施对企业生产会产生替代效应，对环境也会起到一定的保护作用。

## 第三节　押金返还制度推行模式

一般来讲，押金返还制度是指对具有潜在价值或污染危害的产品在生产或销售时依据政府相关政策法规强制额外预收一定的费用，待产品废弃物被送还时给予返还的制度。目前，押金返还制度在很多经济发达国家已经得到了广泛应用，由于制度实施的背景和基本情况不同，实施押金返还制度的模式也存在着一定的差异。因此，本节接下来将从理论和实践两个层面对押金返还制度的推行模式加以分析。

## 一、押金返还制度的理论模式分类

按照蒋春华（2016）的研究，从理论上讲，押金返还制度的模式可以按照适用对象、推行主体、押金返还主体以及押金征收对象四种方式进行分类①。

首先，根据适用对象的差异，押金返还制度的理论模式可分为针对特定产品的押金返还制度和特定区域的押金返还制度。针对特定产品的押金返还制度，是指由环境监管机关依法确认需要收取环境押金的产品范围和收取标准，通过特定产品的销售渠道层层预先收取押金，最终由消费者承担该押金，当该产品使用寿命结束后，消费者将废弃产品交回指定的回收系统以换回押金，或在再次购买新产品时不再支付押金。针对特定区域的押金返还制度，则是指法律规定在特定的环境敏感区域内对带入该区域的特定物品收取押金，直到物品被带出时予以返还的制度，一般在一些自然保护区或风景名胜区可能会有相关的制度规定。

其次，根据推行主体的不同，押金返还制度的理论模式可分为市场自发型押金返还制度和政府主导型押金返还制度。市场自发型押金返还制度，是指商品生产者或销售者在销售产品时，为确保产品能够被回收再利用而对消费者收取的一定数额的押金，待产品消费后的废弃物得到返还时再将押金退还给消费者，此类回收模式常存在于产品包装容器或含有较高价值的零部件产品部门。相对而言，政府主导型押金返还制度则主要针对废弃物的潜在环境危害较

---

① 蒋春华：《中国生活垃圾回收再利用环境押金制度的模式选择》，引自中国软科学研究会：《第十二届中国软科学学术年会论文集（上）》，2016 年 7 月。

大的商品，政府通过法律法规强制要求生产者或分销商向消费者征收一定数额的押金以约束消费者完成产品废弃物交还的工作。

再其次，按照押金返还的主体不同，押金返还制度的理论模式可分为由回收系统返还、零售商返还和批发商返还三种类型。回收系统返还模式，是指生产商向政府缴纳押金，并将其计算在产品价格中，经批发、零售层层传递到消费者的购买价格中，当消费者将产品废弃物交到指定的回收系统后，回收系统将押金返还给消费者。零售商返还模式，是指零售商作为中间环节，一方面在销售商品时向消费者收取押金，另一方面向消费者回收产品废弃物并交还到政府指定的回收系统，同时返还押金给消费者。批发商返还模式，则是指批发商将押金计入产品价格内，并通过销售渠道层层传递给零售商、消费者，消费者交还产品废弃物给批发商确定的回收点后赎回押金，批发商随后将回收的废弃物交还到指定的回收系统处理。

最后，按照押金征收对象的差异，则可以分为向企业征收的环境押金制度和向消费者征收的环境押金制度。向企业征收的环境押金制度，是指对生产潜在环境污染可能比较大的产品的企业征收一定数额的押金，待企业自行集中、回收、处理产品废弃物后予以返还，没有处理或回收的则不予返还，用作治理环境污染的费用。向消费者征收的环境押金制度，则是向购买产品的消费者征收一定数额的押金，若消费者在产品使用后将废弃物送到指定的收集、储存、处理或循环利用场所或退还给企业，则将押金返还给消费者，否则丧失该押金。

## 二、押金返还制度的实践模式概述

押金返还制度作为一种典型的生产者责任延伸制度实现模式，

在许多国家和地区都得到了极为广泛的应用。在实践中，押金返还制度的实施不可能单纯从上述理论层面做片面区分，而是采取全过程管理的方式，对采取何种实践模式进行选择。同样按照蒋春华（2016）的分类，在国外典型押金返还制度的实践中，大致可分为"自行回收模式""委托回收模式"和"统一回收模式"这三种典型模式。

## （一）自行回收模式

所谓"自行回收模式"，如图7-4所示，是指生产商自行组织回收系统，在分销或销售时向消费者征收一定数量的押金额，待产品消费后的废弃物得到返还时再将押金退还给消费者的一种模式。自行回收模式一般适用于生产者规模很大、销售网络十分完善的产品部门。该模式设计简单，且押金担保层层传递，经销商、消费者和生产商之间形成了相互监督约束的机制，在一定程度上减少了废

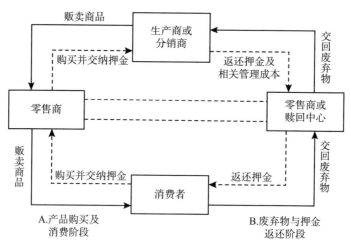

图7-4 自行回收模式

弃物乱扔现象。但是受回收主体和回收时间限制，增加了消费者的送回成本，可能成为押金制度实施的障碍；同时回收后的废弃物的再循环利用成本较高，也会出现生产商回收后非法处置的现象。这种自行回收模式在早期实施押金制度的国家较为流行，如德国最初在饮料行业实施的押金制度，到 2003 年后便逐步建立起了集中回收处置中心，取代了生产者自行回收处置的模式。综合来看，对于回收废弃物循环再利用价值较低的产品，这种模式已逐渐被统一回收模式所取代。

## （二）委托回收模式

对于大多数生产商而言，自行回收和处理系统不仅成本高昂，而且单独设置回收处理中心还可能影响企业的主营业务。为应对这一问题，一般由专门回收处理企业、行业联盟或行业协会成立统一的回收处理中心，生产商将其生产的产品的回收处理任务委托给统一的回收处理中心，并定期将包含在产品价格之内的押金以及委托费用交给该中心，让其代为处理废弃物回收处理及押金返还等事务。如图 7 - 5 所示，相比于自行回收模式，委托回收模式显著削减了生产商的回收处理负担，大大提高了废弃物回收率。然而，由于设置了集中的回收处理中心，消费者在进行废弃物返还时便不如原先自行回收模式直接交回销售地那么方便，增加了消费者的返还成本，因而一些国家出台了相关规定，要求返还给消费者的数额应大于最初收取的押金。例如挪威在 1978 年通过的废旧汽车押金返还制度法案便做了类似规定，结果有 90% 以上的废旧汽车得到了回收利用，远远高于其他国家的平均回收水平。

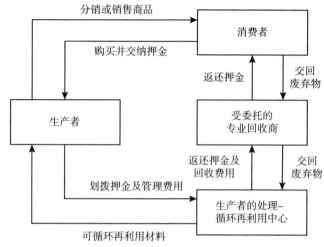

**图 7 - 5　委托回收模式**

## （三）统一回收模式

统一回收模式，如图 7 - 6 所示，是在政府推动下设立的区域性乃至全国性的统一回收系统，由该系统组建覆盖全区域/全国的回收中心，来开展特定产品的押金收取、返还以及废弃物回收处置等活动，消费者在将特定废弃物交回官方指定的回收中心后，便可获得押金。统一回收模式的优点在于网点设置密集，便于消费者交回废弃物，提高回收率。然而，统一回收模式的使用也应注意两个主要问题：一是，统一回收模式覆盖范围全面，系统运行成本高昂，如何有效控本增效，以及如何向不同产品规格生产商摊销相关运营费用是一个必须要考虑的问题；二是，建立起与统一回收系统相配套的制度措施，由于统一回收模式涉及机构众多，资金物流环节交错，因此务必建立起与之相适应的会计核算制度和信息化管理制度等配套制度，以保证系统的高效运转。

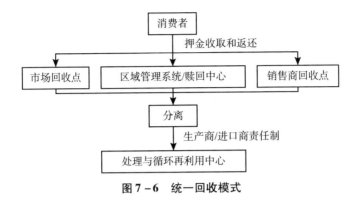

**图 7 - 6　统一回收模式**

## 三、小结

　　本小节首先按照适用对象、推行主体、押金返还主体以及押金征收对象四种方式对押金返还制度在理论上做出了分类,然后又结合各国实践阐述了自行回收模式、委托回收模式和统一回收模式这三种主要实践模式。从分析中不难发现,影响押金返还制度的具体模式选择因素众多,其中生产商是否具有回收废弃物的动力(包括废弃物自身的回收再利用价值、政府要求和企业责任等等)和消费者是否有返还废弃物的动力(包括回收押金、回收奖励、环保意识以及返还的难易程度等等)是影响制度能否以及如何顺利推行的主要因素,在选择押金返还制度的具体模式时必须加以着重考察。

　　同时需要指出的是,在未来的具体实践中,除生产商回收动力的大小和消费者返还动力的大小外,也应充分考虑不同模式的适用特点和影响因素,以选择最为适当的回收模式。

# 第四节　典型押金返还制度分析

押金返还制在国际上有广泛的应用，大量实践证明这种制度设计是实现高比例回收、促进资源高品质再生利用的有效工具。如前文所述，押金返还制度通过对潜在污染物征收价格之外的附加押金，当潜在污染物得到返还从而能够进入处理阶段，押金即可被返还。押金返还制度的主要应用领域是对一次性包装物的回收，尤其是对饮料包装的回收，世界上有迹可循的最早实施押金返还制度的案例便是对苏打水瓶的回收——1799 年于爱尔兰[①]。OECD 每年对环境经济手段进行统计更新[②]，由表 7 – 1 可以看出，目前押金返还制度在各国的包装废弃物回收领域得到了广泛且普遍的应用，像本书在前文中提到的美国、瑞典和挪威等国家，都是其中的典型，此外，表中还列示了这些国家征收的押金额以及实现的回收率，其中饮料包装回收率最高可达99%。

表 7 – 1　　　　　　　　　　主要国家押金制实施概况

| 国家 | 押金制回收物 | 押金额（欧元） | 回收率（饮料瓶） |
|---|---|---|---|
| 澳大利亚 | 饮料瓶（易拉罐、塑料瓶、玻璃瓶） | 0.034 | |
| 加拿大 | 果汁、饮料瓶（易拉罐、塑料瓶、玻璃瓶） | 0.034 ~ 0.168 | 55% ~ 90% |
| 捷克 | 玻璃瓶 | 0.109 | |

---

① 资料来源：Policy Instruments for the Environment Database 2017 ［EB/OL］. http：//www. oecd. org/environment/tools – evaluation/PINE_database_brochure. pdf. 2017. 11. 02 – 2019. 07. 23.

② 资料来源：PINE database portal ［EB/OL］. http：//www2. oecd. org/ecoinst/queries/Default. aspx. 2019. 07. 23.

续表

| 国家 | 押金制回收物 | 押金额（欧元） | 回收率（饮料瓶） |
|---|---|---|---|
| 丹麦 | 汽车，轮胎，铅酸和镍铬电池，玻璃瓶，塑料瓶 | 0.13 ~ 0.4 | 95% ~ 99% |
| 爱沙尼亚 | 饮料瓶（易拉罐、塑料瓶、玻璃瓶） | 0.04 ~ 0.08 | 60% |
| 芬兰 | 汽车，玻璃瓶，塑料瓶，其他包装物 | 0.168 | 很高 |
| 匈牙利 | 塑料瓶，玻璃瓶 | 0.032 | 70% ~ 80% |
| 冰岛 | 饮料瓶（易拉罐、塑料瓶、玻璃瓶） | 0.047 | 84% |
| 以色列 | 饮料瓶（易拉罐、塑料瓶、玻璃瓶） | 0.063 | 66% |
| 意大利 | 饮料瓶（易拉罐、塑料瓶、玻璃瓶） | | |
| 拉脱维亚 | 玻璃瓶，塑料瓶 | 0.09 ~ 2.5 | |
| 墨西哥 | 汽车电池，饮料瓶（易拉罐、塑料瓶、玻璃瓶） | 0.06 ~ 0.45 | |
| 荷兰 | 啤酒牛奶果汁饮料瓶（易拉罐、塑料瓶、玻璃瓶） | | 95% ~ 99% |
| 挪威 | 汽车，饮料瓶（易拉罐、塑料瓶、玻璃瓶） | 0.13 ~ 0.299 | 90% |
| 波兰 | 铅酸电池，饮料瓶（易拉罐、塑料瓶、玻璃瓶） | | 90% |
| 斯洛文尼亚 | 食品包装，饮料瓶（易拉罐、塑料瓶、玻璃瓶）等种类 | 0.1 ~ 0.8 | |
| 西班牙 | 饮料瓶（易拉罐、塑料瓶、玻璃瓶） | 0.15 ~ 0.3 | |
| 瑞典 | 汽车，饮料瓶（易拉罐、塑料瓶、玻璃瓶） | | 90% |
| 土耳其 | 饮料瓶（易拉罐、塑料瓶、玻璃瓶） | | |
| 美国 | 电池，轮胎，杀虫剂瓶子，饮料瓶（易拉罐、塑料瓶、玻璃瓶） | | 50% |

　　同时，从表中也可以看出，目前，押金返还制度已经不仅仅应用于饮料包装废弃物的回收领域，在铅酸电池、废旧家电、废弃汽车以及废旧轮胎等领域都有押金返还制度的存在。

## 一、报废汽车押金回收制度

报废汽车回收利用价值较高，对其实行押金制主要有以下两种方式：

第一，对新车销售征收押金。在国内销售国产和进口机动车时，对消费者征收一定的押金，并承诺消费者在车辆报废返还时给予押金的全额退还，以引导消费者将报废车辆送交指定场所，促进报废车辆的回收再利用。由于新车价格越高，在国内二手改装市场上的需求越旺盛，报废后旧件流入非法渠道的情况越普遍，因此押金额应是新车销售价格的一定比例，即新车销售价格越高，押金额越高。在汽车生命周期结束，消费者将报废汽车送往汽车销售店和维修厂或专业回收拆解企业处理时，可在现有报废补贴基础上，附加得到退还的押金额。使车辆报废补贴与押金的总金额超过非法拆解企业的回收价格，才能引导消费者将报废汽车送入正规回收渠道，从而流向正规拆解处理企业。

1978 年，挪威政府通过了针对废旧汽车实行押金返还制度的相关法案。法案规定：每一辆汽车的购买客户，在购买新汽车时，需要另外支付 130 欧元的押金（后改为 77 欧元）。当汽车由于老旧、破损、车祸等各种原因报废或者不再使用时，只要车主将该汽车车体返还到政府指定的回收点，根据相关的废旧汽车标准，车主将领回相应的多于原押金的款额[①]。该方案实施后，挪威的废旧汽车回收率达到了 90% ~ 99%，大大促进了汽车材料的循环利用，减少资源浪费，也有效预防了废旧汽车随意处理所带来的一系列环境危害。

---

① 陈思思：《国外废旧汽车环境押金制度的实践及对中国的启示》，载《西安建筑科技大学学报（社会科学版）》2013 年第 32 期。

　　第二，对废轮胎实施以旧换新。制定"废轮胎回收利用管理条例"，通过法律明确生产使用单位的责任和义务，禁止废旧轮胎随意堆放、丢弃、焚烧、掩埋。规范回收渠道，建立废轮胎回收利用网络及付费机制，将废旧轮胎资源回收利用纳入法制化轨道。

　　加拿大实施轮胎以旧换新的制度开始得较早，1992年，加拿大立法规定，车主在更换轮胎时必须"以废换新"，并按不同轮胎规格每条缴纳2.5～7加元的废旧轮胎回收处理费，设立专项基金。立法院授予轮胎再循环管理协会（TRMA）专项立法委任权，并负责管理上述专项基金①。

## 二、美国废旧电池押金返还制度

### （一）立法概况

　　与其他大多数发达国家不同，美国没有一部综合性的生产者责任延伸制度法律，但在1976年制定、1984年修订的《资源保护和回收法》和1990年制定的《污染预防法》，一定程度地体现了生产者责任延伸制度的要求。在废旧铅酸蓄电池回收利用方面，美国取得了显著成效。

　　美国控制电池回收的法律法规分三个层次：联邦法规、州法规和地方法规，还有许多管理计划分别对铅酸蓄电池制造与回收进行规范。其中，涉及电池回收管理的联邦法规主要有：《普通废物垃圾管理办法》（UWR）、《资源保护回收法案》、清洁空气法、清洁水法、超级基金法、劳动健康安全法等。美国联邦政府于1996年

---

　　① 人民网：《部分国家、地区废轮胎回收利用政策法规一览》，载《中国轮胎资源综合利用》2017年第9期。

颁布的《含汞和可充电电池管理法案》（也称联邦电池法）对于电池的有害物质含量要求、标识要求和回收再利用等方面做出了规定，其规定禁止销售和使用含汞的碱锰电池（碱锰纽扣电池含汞不超过 0.025%）和碳锌电池，转而生产易于回收处置的镍镉和铅酸蓄电池等，且需对该类电池进行高效回收、处置和再生利用。在地方，各市则会按照州法规的规定制定相应的电池利用法规，以减轻废旧电池的生态环境危害。

加利福尼亚州于 2006 年颁布的《可充电电池回收法案》规定，生产者应当逐步减少并停止对有害物质在可充电电池中的使用，对废旧可充电电池的回收利用率应当达到 100%，电池生产者和消费者承担废电池的回收处理费用，并在电池出售之前或出售时承担该费用；可充电电池的零售商应当建立废电池回收体系，免费提供自身销售或之前销售的同种品牌货物型号的废电池回收服务，并以多种形式向消费者告知废电池回收利用的相关信息。

纽约州的法律规定，消费者禁止把废电池与其他固体废弃物一同丢弃或处理，必须将废电池送回销售相同规格和型号电池的零售商处；电池零售商必须在营业时间内的任何时间接受消费者交还的废旧电池，且每天可以从任何一位消费者处回收多达 10 节废电池，零售商还有义务在店门口明确标示该店回收废旧电池；电池生产厂商有责任安排零售商进行废旧电池的回收、开展废电池循环处理、教育市民废电池回收方式等工作。违反该法律者会被处以金额不等的罚款[1]。

佛蒙特州在 2014 年出台了一次性电池管理法，这是美国范围内第一部有关一次性电池回收处理的法律，该法律规定一次性电池生产商只有参加了经自然资源委员会（ANR）认可的生产者回收管理计划（stewardship plan）才能在佛蒙特州内出售其生产的一次性

---

① 可充电电池协会（PRBA）官网，http：//www.prba.org/wp - content/uploads/New_York_City_70 - A_Battery_Ordinance.pdf.

电池，加入回收管理计划的生产者要为消费者提供免费的废电池回收服务，并确保每个县至少有 2 个一次性电池回收点，且需承担废电池回收打包、运输和处理等费用①。

在州一级的电池管理法规中，绝大部分州都采用美国国际电池协会（Battery Council International，BCI）建议的电池回收法规（BCI Model Legislation），覆盖了 90% 的美国人口，该法规对消费者、电池零售商、批发商的行为做出如下规定：（1）消费者应将废旧铅酸蓄电池交给零售商、批发商或者再生铅冶炼企业，禁止自行处理废旧电池。零售商应把从消费者手中回收的电池交给批发商或者再生铅冶炼企业。（2）零售商在销售电池时，如果顾客提供已使用的废旧电池，应该提供相同型号且数量不少于新购买电池数的旧电池。（3）零售商在售出一个车型的可替代铅酸蓄电池时，如果顾客当时没有提供废旧电池，则顾客需交至少 10 美元的押金，顾客在 30 日之内归还已使用的相同型号的蓄电池时押金将会被退还。如果顾客在购买之日起 30 日内没有退还已使用的汽车蓄电池，那么押金将归零售商所有。（4）铅酸蓄电池批发商在交易时，如果已使用的蓄电池由顾客提供，那么顾客要用基本相同的型号、不少于购买的新电池的数量来交换。与零售商交易时，零售商要在 90 天内将收集的蓄电池交给批发商。（5）政府会对零售商、批发商的行为是否符合上述规定进行检查，违反规定的将收到罚款等相应处罚②。

## （二）典型运转机制

1994 年成立的美国可充电电池回收公司（Rechargeable Battery

　　① 资料来源：Vermont 州政府官网，http：//dec. vermont. gov/waste‐management/solid/product‐stewardship/primary‐batteries.
　　② 资料来源：美国国际电池协会（BCI）官网，https：//batterycouncil. org/page/State_Recycling_Laws#.

Recycling Corporation, RBRC)[①] 发起的 Call2Recycle 项目, 致力于在全国境内回收废旧电池, 如今其回收对象包括废旧一次性电池、可充电电池和废手机。如图 7-7 所示, 该项目通过零售商回收、社区回收以及公司企业和公共部门回收等方式收集、运输及重新利用废旧可充电电池, 目前已经构建起了由 4 万多家零售店、3 万多个社区集中回收点和 350 多家企业/机构回收点组成的回收网络。该项目与众多企业和市政当局开展合作, 加入其中的生产企业需执行管理者计划 (steward program), 并提供一定资金来履行产品回收处理等生产者责任。项目对加盟的电池零售商和其他回收点免费提供电池回收箱和回收桶, 并为其支付废电池运送和回收的费用, 以便把收集的废电池运输到废电池处理中心。该项目还投入一定资金对社会公众开展废电池回收的教育和宣传工作, 并与各州政府合作, 试图推动各地区有关电池回收法律法规的制定, 以促进各回收利用

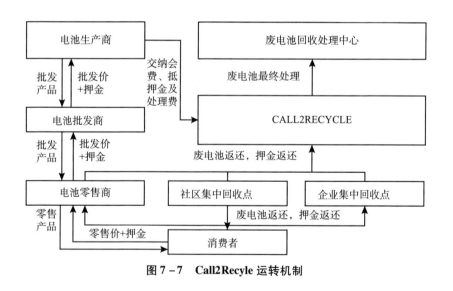

图 7-7　Call2Recyle 运转机制

---

①　资料来源：该公司在 2013 年正式更名为 Call2Recycle，Inc.

主体参与的积极性。2017 年，该项目在美国境内回收废电池约 800
万磅（363 万千克）。截至 2017 年底，该项目已累计回收 14 400 万
镑（6 500 万千克）的废电池，超过 86% 的美国和加拿大居民在居
住区 10 英里（15 千米）以内的地方可以找到 Call2Recycle 的废电
池回收点[①]。

## （三）实施效果

如图 7 – 8 所示[②]，2018 年 Call2Recycle 在美国共回收电池约
720 万磅，稍逊于 2017 年的水平（约 800 万磅），其主要原因在于，
在当前的产品设计中，有越来越多的电池产品无法从设备中移除。
尽管如此，综合来看，Call2Recycle 的废电池回收业绩仍然是十分
出色的。

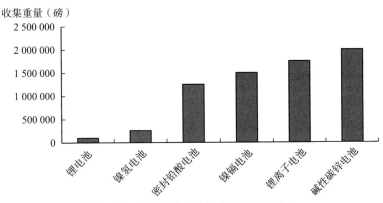

图 7 – 8　美国废旧电池回收量（2018 年）

根据 Call2Recycle 的最新报告，截至 2018 年底，Call2Recycle 在

①　资料来源：Call2Recycle 官网，https：//www.call2recycle.org/.
②　以下资料来源：Call2Recycle. 2018 Annual Report：Charging Forward，Influencing Posi-
tive Change ［EB/OL］. 2019. 07. 23.

美国各州共建立了超过 16 000 个废电池集中回收中心，覆盖了全美86%的人口。而且，Call2Recycle 通过网站信息服务来帮消费者提供免费的废弃电池回收服务，服务人次近 38 万。与此同时，为提高全民对废旧电池回收知识的了解，普及环保知识，增强环境安全意识，Call2Recycle 还在 2018 年举办了 6 次综合性宣传活动，为促进废电池的回收利用发挥了很好的普及和引导作用。

## 三、小结

押金返还制度是一种适用性非常广泛的生产者责任延伸制度，通过上述分析也不难发现，这一制度在各个国家的很多领域都有涉及。综合上述典型案例可以发现，为确保押金返还制度的顺利实施，应大力完善再生资源回收利用体系，构建统一的回收处理系统。同时，还需要不断培育公众的环保意识，增强环保能力，以适应环境保护的需要。

一是大力完善再生资源回收利用体系。生产者自建回收体系并不是最经济的回收方式，从国际实践来看，生产商往往加入专门的回收组织，由回收组织对成员的废弃商品统一开展回收，建立覆盖面广的回收网点，并将回收的废弃物交送到指定的资源化利用企业进行专业处理，因此回收处理体系的市场发育程度和水平决定了押金返还制度实施水平，没有完善的回收处理体系，回收的废弃产品也无法高效利用，押金返还制度也就无法正常运行，也就失去了设立的意义。

二是不断培育提高公众环境意识。对居民加强循环回收、节约资源、保护环境等方面的教育、传播和沟通，通过社区活动、宣传手册、电视传播等多种方式全面、持续、细致、深入地开展对公众的循环回收、资源节约等方面的宣传教育。

# 第八章 中国生产者责任延伸制度构建

中国废弃物治理问题突出，成为生态文明建设的短板，加快构建适合中国国情的 EPR 制度已迫在眉睫。与发达国家不同，当前中国废弃物多是有价商品，其回收利用呈现二元利用体系运行特征，EPR 制度推行目标、运行机制、费率影响因素显著区别于发达国家。因此，中国 EPR 制度的推行不能简单照搬国外政策或做法，需要结合中国国情，通过创新管理政策和手段，构建符合中国发展阶段和市场特点的 EPR 制度。

本章对中国现阶段废弃物回收利用市场特点进行了分析，对现行的废弃电器电子产品处理基金制度运行效果进行了分析，并基于中国废弃物回收利用市场特点，提出了基于二元利用体系下 EPR 制度推行的框架思路和策略安排。

## 第一节 中国废弃物回收利用市场特点

### 一、中国多数废弃物仍是有价商品

在第二章我们分析了，废弃物具有资源性和环境性双重属性，对废弃物进行回收、处理和再生利用需要付出一定的经济成本，拆解所得的再生资源具有一定的经济价值，而且这种经济成本和经济价值的对比关系会随着经济社会发展而不断变化，当成本小于收益时，资源性会占主导；反之当成本大于收益时，环境性会占据主导。因此，在不同发展水平的国家和同一国家的不同发展阶段，废弃物呈现出资源性占主导或者环境性占主导的不同属性差异。

当前，中国仍是发展中国家，人力等主要生产要素成本相对较低，对废弃电器电子产品、废旧汽车等进行回收处理能够获得一定的经济效益。例如，1 吨废弃手机中包含 130 千克铜、3.5 千克银、340 克金、140 克铅，以及锑、铟和钴等金属。1 吨典型印刷线路板中的金含量是等量金矿中金的 10 倍，银含量是等量银矿中的 40 倍①。2017 年，中国 29 个省（区、市）的 101 家处理企业开展了废弃电器电子产品拆解处理活动，共拆解处理废弃电器电子产品 7 994.7 万台（套），拆解处理总重量约为 198.6 万吨，拆解处理产物约为 192.4 万吨。主要拆解处理产物为彩色电视机 CRT 屏玻璃约 45.8 万吨 CRT 锥玻璃（含铅玻璃）约 24.4 万吨，塑料约 40.3 万吨，铁及其合金约 38.7 万吨，压缩机约 11.2 万吨，印刷电路板约 7.3 万吨，电动机约 7.2 万吨，保温层材料约 7.1 万吨，铜及其合金约 2.9 万吨②。因此，在中国废弃电器电子产品、报废汽车、废旧铅酸电池等多数废弃产品仍是有价商品，消费者在处置废弃产品时大都按照一定的市场价格进行销售，市场自发地形成了一个从事废弃产品回收、运输、处理、再生利用等庞大产业，这些回收者和处理者以获得经济价值为主要目标。

---

① Cao, Jian; Lu, Bo; Chen, Yangyang; Zhang, Xuemei; Zhai, Guangshu; Zhou, Gengui; Jiang, Boxin; Schnoor, Jerald L. Extended producer responsibility system in China improves e-waste recycling: Government policies, enterprise, and public awareness [J]. *Renewable and Sustainable Energy Reviews*, 2016: 883.

② 中国家电研究院：《废弃电器电子产品回收利用行业发展情况（2018）》。

## 二、中国存在废弃物二元利用体系

前面我们提到，中国废弃电器电子产品还是有价商品，市场上自发形成了废弃电器电子产品回收利用体系。当中国政府推行 EPR 制度，实施废弃电器电子产品处理基金时，对"四机一脑"生产企业征收处理基金，并专门用于对家电拆解企业进行补贴，但对回收环节没有进行准入管理，仅对享受基金补贴的拆解企业进行资格审核，并最终确定了 109 家享受基金补贴的拆解企业，我们称之为"正规拆解企业"。这 109 家企业享受基金补贴的同时，其生产经营行为也受到严格监管，承担更高的环境治理成本。但在这 109 家企业之外，还存在着大量的自主从事废弃电器电子产品拆解利用的企业，我们称之为"非正规拆解企业"。

在中国，目前废弃电器电子产品的利用方式分为两种：即原料化利用和二手零部件直接利用。原料化利用是指通过对废弃电器电子产品拆解加工变成再生塑料、再生金属等工业原料的利用方式。二手零部件直接利用是指对废弃电器电子产品关键高价值零部件进行直接利用，用于新产品生产的利用方式（任鸣鸣，2009；高艳红、陈德敏、谭志雄，2016；顾一帆、王怀栋、吴玉锋等，2017）。

需要注意的是，由于中国目前对二手零部件的相关标准和管理规范缺失，致使二手零部件直接再利用一直处于监管真空状态，形成了二手零部件拆解利用的灰色利益链条，而正规拆解企业由于受到严格监管则无法对拆解零部件进行直接利用，只能进行原料化利用（见图 8-1）。在市场上，二手零部件的利用价值要远远大于再生原料的价值，这样就导致非正规拆解企业尽管享受不到基金补贴，但却可以通过二手零部件销售获得较高的产品收益，从而在市场上可以继续生存，形成了享受基金补贴的正规拆解企业与非享受基金补贴的非正规拆解企业并存的二元利用体系。

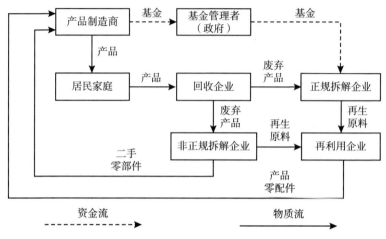

图 8-1 中国废弃电器电子产品二元利用体系

# 三、二元利用体系运行特点

## （一）产品废弃后采取售卖方式处置

在发达国家，消费者在产品废弃后普遍需要付费处置，基本没有售卖的，废弃物流向政府指定的回收处理者，运行较为规范。但在中国由于多数废弃物仍是有价商品，消费者在产品废弃后普遍进行售卖处置，下游回收者需要采取竞价购买的方式才能从上游环节获得废弃物，废弃物的流向会随着下游环节的出价高低而改变流向，既可能流向"正规回收体系"，也可能流向"非正规回收体系"，"正规厂商"与"非正规厂商"之间存在废弃物收购环节的价格竞争关系。在 EPR 制度推行过程中，上游主体处置行为的选择将对政策作用环节产生较大影响。中国家用电器研究院对废弃电器电子产品处理企业回收渠道的调研显示，2017年处理企业回收渠道仍是以第三方回收商为主，占全部回收量的90%以上，表明废弃物的回收多通过消费者使用后卖给非正规个体回收商。

## （二）对回收利用实行有限准入管理

目前，国际上对环保领域普遍施行的是较为严格的准入管理制度，以纠正环保领域市场失灵的问题。在废弃物领域，发达国家和地区也普遍实行了资质管理制度。日本《废弃物处理法》规定，普通废弃物的处理业（收集、运输或处理）实行市町村长批准制度，工业废弃物处理业（收集、运输或处理）实行都道府县知事批准制。目前，中国在废弃物回收环节，基本实行社会化回收，没有进行资质管理，导致仍以个体回收、流动回收为主，规范化、组织化程度低；在废弃物处置环节，仅对废弃电器电子产品处理企业、铅酸蓄电池等危险废物处理企业实行了资质管理制度，在其他品种上还没有建立起准入管理制度。结果导致回收环节与利用环节脱节，处理厂商缺乏对废弃物的掌控能力。

## （三）容易发生"劣企驱逐良企"的现象

在中国，由于存在一个废弃物回收利用的完整市场体系，这一体系下的市场主体多数是作坊式小企业或个体户，导致政府监管无法全面覆盖。这些回收利用主体普遍存在环保不到位、偷税漏税等问题。而正规厂商环境治理设施完善，生产经营较为规范，受到政府部门的严格监管。这种二元市场体系结构，客观上形成了"非正规回收处理者"生产经营成本远远低于"正规回收处理者"的现象，使得正规厂商在竞争中处于劣势，EPR制度推行过程中将面临来自现有回收处理者的直接竞争，政策将出现一定的效率损失。

## 四、小结

目前，在中国大多数废弃产品还是有价商品，市场上存在着从事废弃产品回收利用的完整产业体系，在这种市场条件下推行生产者责任延伸制度，会导致二元利用体系的形成，在二元利用体系下，产品废弃后采取售卖的方式处理，在利用环节采取了有限的资质管理制度，极易发生"劣企驱逐良企"的现象发生。

## 第二节　中国废弃电器电子产品
## 回收处理基金制度

## 一、中国废弃电器电子产品处理基金制度构成情况

### （一）法律框架

2009 年，《中华人民共和国循环经济促进法》正式实施，规定生产列入强制回收名录的产品或者包装物的企业，必须对废弃的产品或者包装物负责回收，体现了生产者责任延伸的理念要求。2011年，《废弃电器电子产品回收处理管理条例》正式施行，提出对废弃电器电子产品实行目录制度、规划制度、资质许可制度和基金制

度，标志着中国在电器电子产品领域正式建立了以基金制为核心的
EPR 制度（见图 8 – 2）。2012 年，财政部会同有关部门印发《废弃
电器电子产品处理基金征收使用管理办法》，明确了电器电子产品
基金的征收、补贴和管理方式等具体规定。2014 年，原环境保护
部、工业和信息化部联合印发了《废弃电器电子产品规范拆解处理
作业及生产管理指南》（2015 年版）。2015 年，国家发展改革委与
其他五部门联合公布了《废弃电器电子产品处理目录》（2014 年
版），将实行基金制的产品范围由"四机一脑"扩充为 14 种产品，
规定新目录自 2016 年 3 月起实施。2016 年，国家有关部门联合发
布《电器电子产品有害物质限制使用管理办法》，完善了对电器电
子产品中有害物质使用的管理规定。2016 年底，国务院办公厅印发
《生产者责任延伸制度推行方案》，强调需引导电器电子产品生产企
业开展生态设计，优先应用再生原料，积极参与废弃电器电子产品
回收和资源化利用，加强对废弃电器电子产品回收处理基金的征收
和使用管理。

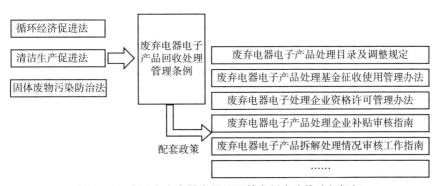

**图 8 – 2　中国废弃电器电子处理基金制度法律法规框架**

## （二）产品范围

2010 年，国家发展改革委、原环境保护部、工业和信息化部联

合发布公告，公布了《废弃电器电子产品处理目录（第一批)》，将电视机、电冰箱、洗衣机、房间空调器和微型计算机纳入基金征收和补贴范围。2015 年，国家发展改革委会同有关部门联合印发了《废弃电器电子产品处理目录》（2014 年版），将产品范围扩大到 14 类，新增吸油烟机、电热水器、燃气热水器、打印机、复印机、传真机、监视器、移动通信手持机、电话单机 9 类产品（见表 8 - 1)。2015 年，财政部、原环境保护部、工业和信息化部公告了调整后的补贴标准，将电视机以 25 寸为标准划分为两个补贴档次，25 寸以下每台补贴 60 元，25 寸以上每台补贴 70 元；将洗衣机分成单桶洗衣机、脱水机和双桶洗衣机，波轮式、滚筒式全自动洗衣机两类，分别给予每台 35 元和 45 元的补贴；将空调器每台的补贴标准从 35 元提高到 130 元，微型计算机每台的补贴标准由 85 元降低为 70 元（具体见表 8 - 2)。

表 8 - 1　　　　废弃电器电子产品处理目录（第一批）

| 序号 | 种类 | 征收标准 | 补贴标准 | 调整后补贴标准 |
|---|---|---|---|---|
| 1 | 电视机（25 寸以下） | 13 元/台 | 85 元/台 | 60 元/台 |
| | 电视机（25 寸以上） | | | 70 元/台 |
| 2 | 电冰箱 | 12 元/台 | 80 元/台 | 80 元/台 |
| 3 | 洗衣机（单筒洗衣机、脱水机） | 7 元/台 | 35 元/台 | 35 元/台 |
| | 洗衣机（双桶洗衣机，波轮式、滚筒式全自动洗衣机） | | | 45 元/台 |
| 4 | 空气调节器 | 7 元/台 | 35 元/台 | 130 元/台 |
| 5 | 微型计算机 | 10 元/台 | 85 元/台 | 70 元/台 |

表 8 – 2　　　　废弃电器电子产品处理目录（2014 年版）

| 序号 | 种类 | 征收标准 | 补贴标准 |
|---|---|---|---|
| 1 | 电视机（25 寸以下） | 13 元/台 | 60 元/台 |
| 2 | 电视机（25 寸以上） | | 70 元/台 |
| | 电冰箱 | 12 元/台 | 80 元/台 |
| 3 | 洗衣机（单筒洗衣机、脱水机） | 7 元/台 | 35 元/台 |
| | 洗衣机（双桶洗衣机，波轮式、滚筒式全自动洗衣机） | | 45 元/台 |
| 4 | 空气调节器 | 7 元/台 | 130 元/台 |
| 5 | 微型计算机 | 10 元/台 | 70 元/台 |
| 6 | 吸油烟机 | — | — |
| 7 | 电热水器 | — | — |
| 8 | 燃气热水器 | — | — |
| 9 | 打印机 | — | — |
| 10 | 复印机 | — | — |
| 11 | 传真机 | — | — |
| 12 | 监视器 | — | — |
| 13 | 移动通信手持机 | — | — |
| 14 | 电话单机 | — | — |

注：截至成稿国家有关部门尚未公布新增的 9 类产品的征收补贴标准。

## （三）制度架构

中国废弃电器电子产品 EPR 制度采取的是国家有关部门按照职能分别管理的制度架构。根据《废弃电器电子产品回收处理管理条例》，国家发展改革委负责制定目录制度，制定和调整处理目录；环保部负责制定规划制度和资质许可制度，编制发展规划，制定资质许可管理办法及配套审核和许可指南；财政部牵头制定基金征收使用管理办法，并完善相关规章制度等；国税总局、海关总署负责基金的征收（见图8-3）。

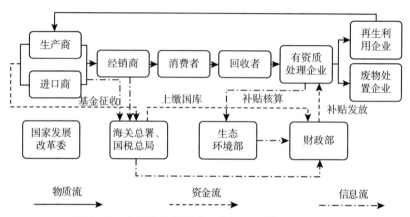

**图8-3　中国废弃电器电子产品处理基金制度架构**

## 二、中国废弃电器电子产品处理基金运行效果

中国废弃电器电子产品处理基金制度实施后，对提升废弃电器电子产品拆解技术装备水平，引导行业规范发展发挥了一定作用，但是中国废弃电器电子产品社会化回收的现状没有发生根本改变，基金制度的实施并没有使市场上原有拆解企业全部纳入基金制度体系，部分品种的规范拆解率①依然较低。

### （一）取得的积极成效

1. 规范回收量大幅提升

在基金政策的引导和相关部门严格监管下，中国废弃电器电子

———————

① 规范拆解率：是指享受基金补贴资质的企业废弃电器电子产品拆解量占理论报废量的比率。

产品处理行业企业积极性显著提高，"四机一脑"规范回收率大幅提升。根据生态环境部的公开数据显示，2013 年为政策实际开始实施的第一个完整年度，当年实现"四机一脑"年回收总量为 4 342.1 万台，同比增长 236.2%，2017 年共有 29 个省（区、市）的 101 家处理企业开展了废弃电器电子产品拆解处理活动，共拆解处理废弃电器电子产品 7 994.7 万台（套）（见图 8 - 4），同比增长 0.8%，与 2013 年相比增长 84.1%。2017 年，处理企业拆解处理的废弃电器电子产品中，电视机 4 207.3 万台，占比 52.6%；电冰箱 803.7 万台，占比 10.1%；洗衣机 1 359.4 万台，占比 17.0%；房间空调器 397.8 万套，占比 5.0%；微型计算机 1 226.5 万套，占比 15.3%。

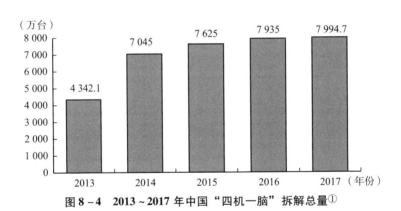

图 8 - 4  2013～2017 年中国"四机一脑"拆解总量①

2. 产业集中度进一步提高

根据生态环境部公布的数据显示（见图 8 - 5），2017 年中国废电器电子目录产品拆解量前 10 名企业占资质企业拆解总量的 27.56%，较 2016 年提高 2.26 个百分点；前 20 位企业拆解量占资质企业拆解总量的 47.28%，较 2016 年增长 3.28 个百分点。2017

① 资料来源：中华人民共和国生态环境部网站，http：//www.mee.gov.cn/.

年109家拆解企业中拆解量处于后10位、20位、30位、40位、50位的企业的拆解量占总拆解量的比例分别为：0.05%、1.23%、3.74%、7.26%、12.46%，拆解量向头部聚集的趋势较为明显，显示行业集中度进一步提高。

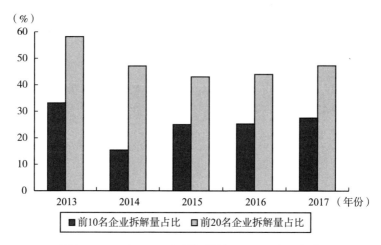

图8-5　2013～2017年拆解量前10和20企业占比

## （二）存在的客观问题

### 1. 再利用价值越高的废弃产品规范拆解率越低

前面我们分析了，在中国废弃电器电子产品存在材料化利用和二手零部件直接利用两种利用方式，二手零部件直接利用的经济价值要明显高于材料化利用的经济价值。正规拆解企业只能进行材料化利用，而非正规拆解企业除了材料化利用外可以将废弃电器电子产品拆解所得的部分二手零部件销售给生产企业直接利用。因此，在理论上二手零部件直接利用价值越高的废弃电器电子产品就越容易流向非正规拆解企业。

为了证实这一推断，对中国废弃电器电子产品实际拆解利用情况进行调查分析。通过市场调查和专家估算，对比"四机一脑"仅原料化利用和原料化与高价值二手零部件直接利用混合利用两种利用方式下的平均价值。通过对比证实了，原料化与二手件直接利用混合的利用方式比仅是原料化利用的方式会产生更大的经济价值。其中，空调再利用价值较高，且二手件直接利用的价值更大，详见表 8 - 3。

表 8 - 3　　　　　　　　　　两种利用方式价值对比表

| 序号 | 品种 | 原料化利用价值（元/台） | 二手件直接利用与原料化利用（元/台） |
|---|---|---|---|
| 1 | 电视机 | 65 | 72 |
| 2 | 洗衣机 | 90 | 127 |
| 3 | 电冰箱 | 100 | 146 |
| 4 | 电脑 | 60 | 96 |
| 5 | 空调 | 220 | 360 |

　　根据生态环境部的公示情况（见图 8 - 6），2017 年，拆解处理的废弃电器电子产品中，电视机 4 207.3 万台，占比 52.6%；电冰箱 803.7 万台，占比 10.1%；洗衣机 1 359.4 万台，占比 17.0%；房间空调器 397.8 万套，占比 5.0%；微型计算机 1 226.5 万套，占比 15.3%。从废弃电器电子产品的拆解处理结构中也可以看出，二手零部件利用价值高的 WEEP（空调、电冰箱）占比较低，详见图 8 - 6。

　　对基金制度运行后 109 家享受基金补贴企业的实际拆解情况进行分析。整体来看，基金补贴制度实施后，流向基金补贴资质企业"四机一脑"数量快速增长，到 2017 年①拆解总量达到 7 900 万台，平均规范回收率达到了 63.08%。但废旧电视机、电冰箱、洗衣机、房间空调器和微型计算机五大品类单品种规范回收率存在巨大差异，详见图 8 - 7。

---

① 资料来源：《中国废弃电器电子产品回收处理及综合利用行业白皮书2017》，中国家用电器出版社。

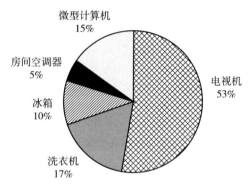

图8-6 2017年各类废弃电器电子产品规范拆解处理占比

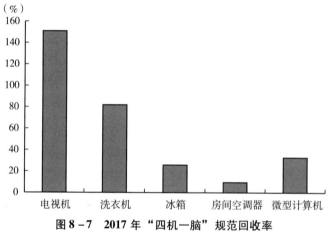

图8-7 2017年"四机一脑"规范回收率

其中，废旧电视机规范回收率甚至达到了150.8%。造成实际规范回收率超过100%的原因主要是废旧电视机历史积存量较大，在与2015年当年理论报废量相比时出现了大于100%的情况。但从这一数据可以看出，废旧电视机基本都流向了资质拆解企业，这与中国废旧电视机流向基本符合，也就是说市场上几乎不存在废旧电视机非正规拆解利用情况。废旧洗衣机规范回收率为81.9%，表明基金制度的实施对废旧洗衣机的流向有一定的影响，多数废旧洗衣机流向了有资质的拆解企业。但电冰箱、房间空调器、微型计算机实际拆解量分别仅有理论报废量的 25.9%、9.6% 和 32.9%，表明大量的电冰箱、空调类产品和微型计算机没有进入基金补贴资质企业拆解，证明了二手零部件利用价值较高的废弃电器电子产品多流向了非正规拆解渠道。

2. 基金补贴实际部分流向回收企业

前面我们分析了，中国废弃电器电子产品采取的是完全竞争市场化的回收模式。废弃电器电子产品处理基金制度实施以后，共有 109 家企业获得了基金补贴资质，但除此之外仍存在不享受基金补贴而自行从事拆解的企业，形成了正规拆解企业与非正规拆解企业在市场中共同竞争的市场格局。消费者或上游回收者会依据价格的高低将废弃电器电子产品销售给下游拆解企业，导致正规拆解企业和非正规拆解企业竞相抬高收购价格，争夺废弃电器电子产品。正是由于这种特殊的二元利用体系，导致基金制度实施以后，原有的回收企业会利用自己资源掌控优势提高废弃电器电子产品销售价格，从而攫取部分基金补贴收益。

对 29 寸废旧电视机的回收拆解处理情况进行分析，2012 年第三季度起，废弃电器电子产品处理基金征收补贴制度正式实施，废旧电视机拆解基金补贴标准为 85 元/台，导致市场上废旧电视机回收价格大幅上升。2012 年第二季度，29 寸废旧电视机的市场平均回收价格还只有 58 元/台，到第三季度基金补贴制度实施后，迅速增加到 87 元/台，第四季度增加到 102 元/台，之后市场平均回收价格尽管有所波动，但基本维持在 100 元/台以上，相较于基金补贴制度实施之前，29 寸废旧电视机平均回收价格增长了一倍左右。2016 年 1 月，废旧电视机拆解基金补贴标准由每台 85 元下调至每台 70 元，市场回收平均价格也相应回落，每台 29 寸废旧电视机的市场回收平均价格降到 80~92 元之间。可见，基金补贴制度实施后，回收环节的回收者利用产业链上游优势地位，通过提高废弃电器电子产品回收价格攫取了多数基金补贴额，从图8－8可以看出，29寸废旧电视机平均回收价格的变动与基金补贴金额存在高度相关性。

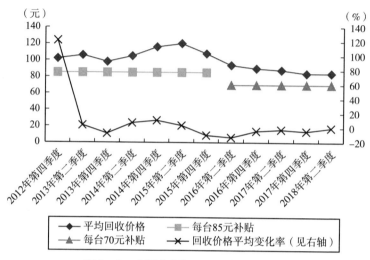

**图8－8　废旧电视机平均回收价格变化**

对废旧电脑、洗衣机、电冰箱的回收价格变化情况进行分析（分别见图8－9、图8－10和图8－11），同样发现：2012年第三季度，基金补贴制度正式实施后，三类产品的回收价格都出现了明显上涨的情况。2016年，基金补贴政策调整后，三类产品的回收价格也都随基金补贴额①呈现相同的变化趋势。

---

① 2016年，基金补贴调整后，电脑的补贴额度由85元/台变为70元/台；洗衣机的补贴额度根据重量分为0元/台、35元/台和45元/台，对企业调研发现三类洗衣机的回收量占比分别为30%、66%和4%，因此，基金补贴加权为31元/台；电冰箱的补贴额度根据容量分为80元/台和0元/台，调研发现两类电冰箱的占比分别为85%和15%，因此，基金补贴额加权为68元/台。

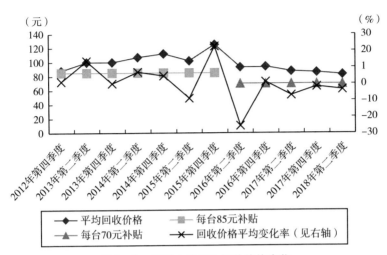

图 8 - 9 废旧电脑平均回收价格变化

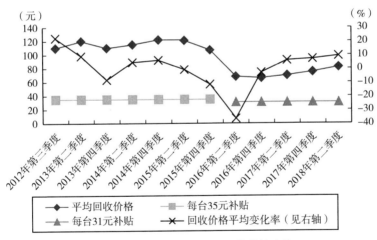

图 8 - 10 废旧洗衣机平均回收价格变化

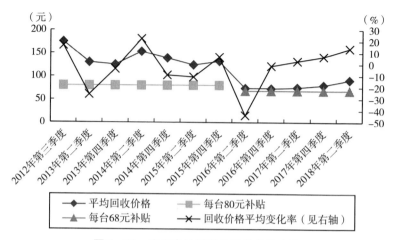

图 8 - 11  废旧电冰箱平均回收价格变化

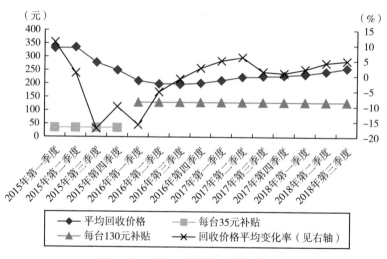

图 8 - 12  废旧空调平均回收价格变化

## 三、模型构建及原因分析

下面，我们基于中国废弃电器电子市场特点，通过构建博弈模型来分析二元利用体系下基金制度的运行效果。

## （一）博弈主体界定

中国废弃电器电子产品回收利用行为主体主要有政府、产品生产企业、消费者、回收企业和拆解企业。在中国废弃电器电子产品处理基金的征收标准是由政府确定的，具体征收是由国家税务和海关部门强制征收，生产企业只是这一制度的被动接受者，对制度实施效果的影响可以忽略。因此，接下来我们将着重分析按照市场规律自主运行的回收企业和拆解企业，在基金制度实施前后的决策差异。基金制度实施以前，废弃电器电子产品拆解企业没有正规和非正规之分；基金制度实施以后，为分析方便我们将享受基金补贴资质的企业称为正规拆解企业，将未能享受基金补贴的企业称为非正规拆解企业。

## （二）博弈行为分析

根据中国目前废弃电器电子产品回收利用市场的现实条件，我们作出如下假设：

（1）废弃电器电子产品回收企业和拆解企业符合理性人假设，即各方均以利润最大化为原则进行决策。

（2）对于废弃电器电子产品拆解企业，每个厂商的单位拆解成本相同，且其所生产产品的市场需求都是线性的。

（3）正规拆解企业和非正规拆解企业属于垄断竞争关系。

（4）废弃电器电子产品回收企业在市场中占有绝对优势，可实行歧视性定价。

因此，拆解企业的策略选择有"加入基金制度"和"不加入基金制度"，回收企业的策略选择有"提高产品价格"和"维持价格不变"，由此得到此博弈的战略空间组合如表8-4所示。

参数设置如下：

$\prod_2$：基金制度实施前，废弃电器电子产品拆解企业的生产利润；

$\prod_{21}$：基金制度实施后，废弃电器电子产品正规拆解企业的生产利润；

$\prod_{22}$：基金制度实施后，废弃电器电子产品非正规拆解企业的生产利润；

$\prod_3$：废弃电器电子产品回收企业的生产利润。

根据上面的策略矩阵，我们可以得出参与双方的支付矩阵如表8-5所示：

表8-4　　　　　　　　拆解企业与回收企业的博弈策略组合

| | | 回收企业 | |
|---|---|---|---|
| | | 提高价格 | 不提高价格 |
| 拆解企业 | 加入基金制度 | （加入，提价） | （加入，不提价） |
| | 不加入基金制度 | （不加入，提价） | （不加入，不提价） |

表8-5　　　　　　　　拆解企业与回收企业的支付矩阵

| | | 回收企业 | |
|---|---|---|---|
| | | 提高价格 | 不提高价格 |
| 拆解企业 | 加入基金制度 | （$\pi_{21}$，$\pi_3'$） | （$\pi_{21}$，$\pi_3$） |
| | 不加入基金制度 | （$\pi_2$，$\pi_3'$） | （$\pi_2$，$\pi_3$） |

当政府实施废弃电器电子产品处理基金制度时，拆解企业加入基金制度，会得到基金补贴，但由于监管更加严格，也会产生额外环境成本。因此，只有基金补贴额度大于其增加的额外环境成本，

即 $\pi_{21} > \pi_2$ 时，拆解企业才愿意加入基金制度。同时，回收企业会根据拆解企业获利情况，利用自身竞争优势提高回收价格，使得 $\pi_3' > \pi_3$。

下面，我们就计算各主体的最优策略选择及其均衡条件。

为此，我们参数设置如下：

$P_2$：基金制度实施前，废弃电器电子产品拆解企业单位产品销售价格；

$P_{21}$：基金制度实施后，正规废弃电器电子产品拆解企业单位产品销售价格；

$P_{22}$：基金制度实施后，非正规废弃电器电子产品拆解企业单位产品销售价格；

$Q_2$：基金制度实施前，废弃电器电子产品拆解企业拆解数量；

$Q_{21}$：基金制度实施后，正规废弃电器电子产品拆解企业拆解数量；

$Q_{22}$：基金制度实施后，非正规废弃电器电子产品拆解企业拆解数量；

$P_3$：废弃电器电子产品拆解企业从回收企业收购废弃电器电子产品的价格，即回收企业产品销售价格；基金实施后，用 $P_3'$ 表示；

$Q_3$：回收企业向拆解企业销售的废弃电器电子产品数量，$Q_3 = Q_{21} + Q_{22} = Q_2$；

$c$：废弃电器电子产品拆解企业的单位拆解成本；

$C_{21}$：基金制度实施后，正规废弃电器电子产品拆解企业的单位拆解成本；

$C_{22}$：基金制度实施后，非正规废弃电器电子产品拆解企业的单位拆解成本；

$C_3$：回收企业废弃电器电子产品单位回收成本；

$E$：正规废弃电器电子产品处理企业额外承担的环境成本，既 $C_{21} = C_{22} + E$；

F：政府对每单位废弃电器电子产品给予的拆解补贴基金。

1. 基金制度实施前后拆解企业决策行为分析

基金制度实施前，我们设定废弃电器电子产品拆解企业总数为 N，某一拆解企业 i 的生产函数为 $P_2 = a - b\sum_{i=1}^{N} q_i$，$a > 0$，$b > 0$；成本函数为：$C_2 = (c + P_3)q_i$；则某一拆解企业 i 利润函数为：

$$\prod_{2}^{i} = P_2 - C_2$$

$$= (a - b\sum_{i=1}^{N} q_i)q_j - (c + P_3)q_i \qquad (8.1)$$

利润最大化时，某一拆解企业 i 的均衡拆解量为：

$$q_i^* = \frac{(a - c - P_3)}{b(N + 1)} \qquad (8.2)$$

市场均衡拆解总量为：

$$Q_2 = \frac{N(a - c - P_3)}{b(N + 1)} \qquad (8.3)$$

市场均衡价格为：

$$P_2 = a - \frac{N(a - c - P_3)}{N + 1} \qquad (8.4)$$

基金实施后，废弃电器电子产品拆解行业分为正规拆解企业（总数为 J）和非正规拆解企业（总数为 M），对于正规拆解企业，其生产函数 $P_{21} = a - b_1\sum_{i=1}^{J} q_i$，$a > 0$，$b_1 > b > 0$；成本函数为 $C_{21} = (c + P_3 + E - F)q_i$，某一正规拆解企业 j 的利润函数为：

$$\prod_{21}^{j} = P_{21} - C_{21}$$

$$= (a - b_1\sum_{j=1}^{J} q_j)q_k - (c + P_3 + E - F)q_j \qquad (8.5)$$

利润最大化时，某一正规拆解企业 j 的均衡拆解量为：

$$q_j^* = \frac{(a - c - P_3 + F - E)}{b_1(J + 1)} \qquad (8.6)$$

正规拆解企业的总拆解量为：

$$Q_{21} = \frac{J(a - c - P_3 + F - E)}{b_1(J + 1)} \qquad (8.7)$$

市场均衡价格为：

$$P_{21} = a - \frac{J(a - c - P_3 + F - E)}{J + 1} \qquad (8.8)$$

基金制度实施后，非正规拆解企业的生产函数、成本函数均不变，只是企业总数变为 M，因此，利润最大化时，非正规拆解企业总拆解量为：

$$Q_{22} = \frac{M(a - c - P_3)}{b(M + 1)} \qquad (8.9)$$

市场均衡价格为：

$$P_{22} = a - \frac{M(a - c - P_3)}{M + 1} \qquad (8.10)$$

基金制度实施后，市场上共有 J 家正规拆解企业和 M 家非正规拆解企业，随着竞争者数量 J 和 M 不断增加，J 趋近于 J + 1，M 趋近于 M + 1，拆解行业的市场均衡价格接近于边际成本，此时正规拆解企业的市场均衡价格为 $P_{21} = c + P_3 + E - F$，非正规拆解企业的市场均衡价格 $P_{22} = c + P_3$，

由此可以推出

$$P_{22} - P_{21} = F - E \qquad (8.11)$$

因此，为了保证基金制度有效运行，引导废弃电器电子产品由非正规拆解企业流向正规拆解企业，政府给予正规拆解企业的单位产品基金补贴额与额外环境成本之间的差额，就必须大于非正规企业与正规企业的单位产品价格差额。而当政府给予每单位废弃电器电子产品拆解补贴小于非正规拆解企业与正规企业拆解收益差额时，废弃电器电子产品会流向非正规企业，从而导致再利用价值越高的产品越容易流向非正规拆解企业。

2. 基金制度实施前后回收企业决策行为分析

基金制度实施前，废弃电器电子产品回收企业的利润函数为 $\prod_3 = (P_3 - C_3) \times Q_3$，将拆解行业利润最大化的总产出公式（8.3）代入，得到回收企业利润函数为：

$$\prod_3 = \frac{(P_3 - C_3)N(a - c - P_3)}{b(N + 1)} \qquad (8.12)$$

回收企业利润最大化时，即 $\frac{\partial \prod_3}{\partial P_3} = 0$

此时，利润最大化的均衡价格为：

$$P_3 = \frac{b(N+1)(a - c - C_3)}{2N} \qquad (8.13)$$

基金实施后，由于实施基金补贴政策，且基金只补贴给正规拆解企业，因此考虑回收企业与正规拆解企业交易时获得的利润。废弃电器电子产品回收企业可以对正规拆解企业实施价格歧视，基金实施后，对正规拆解企业的销售价格为 $P_3'$，此时，回收企业的利润函数为 $\prod_3'$。

$$\prod_3' = (P_3' - C_3)Q_{21}$$
$$= (P_3' - C_3)\frac{J(a - c - P_3 + F - E)}{b_1(J + 1)} \qquad (8.14)$$

利润最大化时，$\frac{\partial \prod_3'}{\partial P_3'} = 0$，可以得到此时的 $P_3''$ 为：

$$P_3' = \frac{b_1(J + 1)(a - c - C_3 + F - E)}{2J} \qquad (8.15)$$

基金实施前，市场上有 N 家拆解企业；基金实施后，市场上共有 J 家正规拆解企业和 M 家非正规拆解企业，可以假设 N = M + J。当前，基金制度下只有109家正规拆解企业，即 J = 109，而废弃电器电子产品拆解行业存在大量非正规拆解企业，因此，J < M < N。

同时，由于 F − E > 0，$b_1 > b$，因此，$P_3' > P_3$。

$$P_3' - P_3 = \frac{b_1(J+1)(a-c-C_3+F-E)}{2J}$$

$$- \frac{b(N+1)(a-c-C_3)}{2N} \tag{8.16}$$

由于 J 和 N 足够大，因此，可以视为 $\frac{J+1}{J} = 1$，$\frac{N+1}{N} = 1$，那么

$$P_3' - P_3 = \frac{(b_1-b)(a-c-C_3)}{2} + \frac{b_1(F-E)}{2} > 0$$

由此可见，基金制度产生了二元市场结构，废弃电器电子产品回收企业通过抬高销售价格攫取了正规拆解企业的基金补贴，即补贴基金大量流向回收环节，这也是基金补贴政策运行效果不理想的重要原因。

3. 验证及分析

根据上面的分析，在二元回收利用体系下，废弃电器电子处理基金制度要发挥作用，基金补贴额 F 除了要扣除增加的额外成本 E，还要扣除回收者攫取的部分 $P_3' - P_3$，只有扣除这两部分后严格大于非正规处理者产品价格 $P_{22}$ 与正规处理者产品价格 $P_{21}$ 的差额，废弃电器电子基金制度才会发挥作用，也就是 $F - E - (P_3' - P_3) > P_{22} - P_{21}$。

根据这一结论，下面我们对中国废弃电器电子产品处理基金运行情况进行一个简单验证。为了分析简便，我们仅对补贴标准调整前的运行情况进行分析，实际上调整后也一样。在本章第二节表 8 - 3 我们已经获得了 $P_{22}$ 和 $P_{21}$ 的数值，还需要获得单位产品额外增加的环境成本 E 和回收价格变化 $P_3' - P_3$ 的数值。根据我们对企业的抽样调查，我们分别计算出了"四机一脑"单位产品增加的环境成本 E；按照算术平均法，根据 2012 年以来"四机一脑"价格实际数据计算出了 $P_3' - P_3$。具体数值见表 8 - 6。

表 8 – 6　　　　　废弃电器电子产品处理基金运行结果对比表

| | $P_{21}$ | $P_{22}$ | F | E | $P_3' - P_3$ | $F - E - (P_3' - P_3)$ | $P_{22} - P_{21}$ | $\{P_{21} + F - E - (P_3' - P_3)\}/P_{22}$ |
|---|---|---|---|---|---|---|---|---|
| 电视机 | 65 | 72 | 85 | 5.2 | 58 | 21.8 | 7 | 120.5% |
| 电冰箱 | 100 | 146 | 80 | 11.6 | 10.3 | 58.1 | 46 | 108.3% |
| 洗衣机 | 90 | 97 | 35 | 3.2 | 12 | 19.8 | 7 | 113.2% |
| 空气调节器 | 220 | 286 | 35 | 10.2 | 3.2 | 21.6 | 66 | 84.5% |
| 微型电脑 | 60 | 107 | 85 | 4.3 | 17 | 63.7 | 47 | 115.6% |

　　从表 8 – 6 中，我们可以看出在政府实施了废弃电器电子产品基金补贴制度后，以电视机为例，政府给予电视机拆解企业 85 元/台的补贴，正规企业因规范拆解增加了 5.2 元/台的平均环境成本，回收者攫取了 58 元/台的平均生产者剩余，导致拆解企业单位产品获得的实际补贴金额 $F - E - (P_3' - P_3)$ 为 21.8 元，加上原有单位产品拆解收益 $P_{21}$ 的 65 元总额为 86.8 元，与非正规拆解企业的单位产品收益 $P_{22}$ 为 72 元/台相比达到 120.5%，因此基金补贴的实施对非正规拆解企业形成较大冲击，废旧电视机大多流向正规拆解企业，出现了在本章第二节分析出现的现象，电视机拆解量占"四机一脑"拆解总量的比例达到了 52.6%，实际拆解量与理论报废量的比率达到了 150.8%。同样，在实施基金补贴制度后，电脑、洗衣机和冰箱拆解企业单位产品实际获得的基金补贴额 $F - E - (P_3' - P_3)$ 分别达到了 63.7 元、19.8 元和 46 元，使得正规拆解企业上述三类产品的单位实际收益 $P_{21} + F - E - (P_3' - P_3)$ 与非正规拆解企业的单位产品收益 $P_{22}$ 的收益比都超过了 100%，分别为 115.6%、113.2% 和 108.3%，短期内有一定效果。但是空调 35 元的单位产品补贴额太少，使得正规拆解企业单位产品实际收益 $P_{21} + F - E - (P_3' - P_3)$ 与非正规拆解企业的单位产品收益 $P_{22}$ 的比例不足 100%，仅为 84.5%，因此基金制的实行对引导废弃空调流向正规拆解企业

的作用基本无效。

4. 结论

上面，我们基于中国废弃电器电子产品市场特点，构建了适合中国市场特征的博弈模型，通过模型分析，在理性决策的条件下，基金制度的实施必然会导致以下两个结果的出现：

第一，回收者占优市场条件下，基金补贴额的确定具有滞后性。当政府根据拆解企业生产成本等因素确定给予拆解企业的基金补贴额时，废弃电器电子产品购进价格（同时也是回收企业销售价格）是重要因素之一，当政府依据一定时段的市场因素确定给予拆解企业单位基金补贴额 F 以后，废弃电器电子产品回收企业会发现正规废弃电器电子产品处理企业得到基金补贴之后获得了更多的生产者剩余，因而会通过提高废弃电器电子产品销售价格，去进一步攫取正规拆解企业的生产者剩余，使基金补贴额有一部分实际流向回收企业。此时，按照原有规则，基金补贴额已经不符合市场变化，要保持其在合理水平，政府就要提高基金补贴额，而政府一旦提高基金补贴额，回收企业会跟着再提高销售价格，导致基金补贴额永远无法满足政策现实需求。

第二，二元利用市场条件下，基金制有效运行受制于非正规企业收益。由于中国废弃电器电子产品是有价商品，市场自发存在大量废弃电器电子产品回收利用企业。基金制度实施后，形成了享受基金补贴的正规拆解企业和不享受基金补贴的非正规拆解企业二元市场体系并存的现象。因此，政府给予拆解企业的基金补贴额 F 和正规拆解企业因此额外增加的环境等成本 E 的差额，必须大于非正规拆解企业与正规拆解企业单位产品拆解收益的差额。而目前，中国非正规拆解企业存在二手零部件直接利用等"灰色收益"，致使再利用价值（主要是二手件利用价值）越高的废弃电器电子产品进入正规拆解企业的比例越低。

## 四、小结

2012 年，中国废弃电器电子处理基金制度正式实施，并确定了 109 家享受基金补贴资质的处理企业，但是除了正规处理企业外，市场上还存在着大量的非正规处理企业。为分析这一市场条件下基金制度的运行效果，本节重点构建了博弈模型，通过对中国废弃电器电子处理基金制度运行情况的分析，我们发现再利用价值越高的废弃电器电子产品其进入资质拆解企业的比例越低，回收者会利用行业竞争优势地位通过提高废弃电器电子产品价格的方式固定地攫取一部分处理企业补贴收益，导致基金制度的运行效果出现偏差。

## 第三节　中国 EPR 制度体系构建

### 一、总体思路

当前，中国经济发展阶段决定了中国废弃物回收利用市场所呈现的特征与日本、美国、欧盟等西方发达国家（地区）市场特点存在本质差异。在中国，大多数废弃物还是有价商品，废弃物回收利用还是众多个体回收业者的谋生手段，存在一个自发形成的完整的废弃物回收利用体系。这与发达国家废弃物回收利用基本是公益性环保事业，单一回收利用体系运行，不存在"拾荒者"的市场状态截然不同。因此，中国在推行 EPR 制度时不能简单照搬发达国家做法，需要结合中国国情，通过创新管理政策和手段，构建符合中国发展阶段和市场特点的 EPR 制度。

　　针对中国目前废弃物回收利用存在二元市场体系的特点，本书作者认为 EPR 政策的制定和推行现阶段的总体思路是构建规范有序的回收利用体系，实行全生命周期管理，构建从产品生产到消费再到产品废弃后回收利用的完整制度体系，建立覆盖全流程的 EPR 制度（见图 8 - 13）。

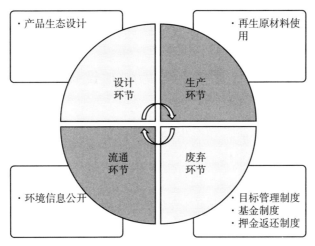

**图 8 - 13　中国 EPR 制度构建框架图**

　　具体来说，中国 EPR 制度构建应把握好三个要点。

　　一是要符合中国的特点。中国废弃物回收利用市场条件和发展阶段，决定了简单照搬国外 EPR 政策做法必然会出现政策效果偏差甚至政策失败等风险。因此，中国在构建 EPR 制度时必须要充分考虑二元市场体系特征，用中国方案解决中国问题。

　　二是要进行分类施策。不同的废弃物回收利用的渠道不同，处理和利用的方式不同，资源化产品价值也不同，因此需要在 EPR 制度构建过程中，针对每个产品的特点设计不同的具体制度实现方式，可以根据基金制度、押金返还制度、目标管理制度、环境税等具体制度安排的适用范围、适用条件结合具体品种采用一种或多种组合政策，不能脱离废弃物回收利用市场特点搞简单的一刀切。

三是要实施全程管理。EPR 制度强调生产者对产品废弃后的处置利用承担责任。但在具体制度构建上，不能仅对生产者、对生产环节进行管理和规范，还要围绕生产者责任延伸的内涵和实际需要，对产品设计、生产、流通、消费和产品废弃后处置利用的全流程制定要求并进行管理，从制度构建上避免 EPR 制度无法落地和执行。

## 二、产品设计生产环节的制度设计

托马斯·林赫斯特在对生产者责任进行界定时并未将生态设计和再生原材料使用作为生产者的延伸责任，认为通过产品循环再利用阶段的信息反馈将促使产品的重新设计。然而，随着 EPR 政策在世界各国的广泛推广，其在促进创新方面的实际效果不断受到质疑，认为必须引入厂商个体责任模式才能发挥 EPR 的创新激励作用。考虑到中国二元市场体系特征，这种反馈机制将难以实现。因此，中国在构建 EPR 制度体系时，必须将产品生态设计和再生原材料使用明确作为生产者的延伸责任，通过制度构建强制实施。

### （一）生态设计制度

1997 年，墨尔本皇家理工大学组织开展的生态设计项目将生态设计的主要内容归纳为 15 个方面：资源节约型设计、环境友好型材料设计、清洁生产型设计、高效分配型设计、能源效率型设计、水资源节约型设计、最低消费型设计、使用过程低影响型设计、产品耐用型设计、可再制造型设计、可再利用型设计、可分解型设计、可循环型设计、可降解型设计、可安全处置型设计。

生态设计制度的构建和推行主要采取法律手段和经济手段，包括四方面具体策略：一是制定生态设计法规标准体系：把生态设计纳入《环境保护法》《循环经济促进法》等法律法规体系，在生产领域全面推行产品生态设计，构建包括技术标准、评价标准在内的产品生态设计标准体系；二是开展产品生态设计评价：制定出台《产品生态设计推进方案》以及分行业的《产品生态设计指南》，对产品生态设计情况开展评价；三是加强政策引导：制定促进产品生态设计的财税政策、价格政策、投融资政策等，激励生产者开展生态设计；四是促进生态设计产品消费：实施"生态设计绿色标签"制度，对生态设计产品进行统一标识，在政府采购时优先采购，鼓励消费者绿色消费。

## （二）再生材料使用制度

再生原材料使用制度主要推行工具包括法律手段和经济手段，具体推进策略有三个方面：一是制定再生原材料最低使用标准：选择电器电子产品、汽车等适宜产品，分品种制定再生原材料最低使用标准，要求生产者在生产新产品时必须使用一定比例的再生原材料；二是出台专门鼓励政策：对使用再生原材料达到一定比例的生产企业给予资金奖励、税收优惠等扶持，鼓励生产企业在生产新产品时尽可能多地使用再生原材料；三是开展再生产品认证：制定再生产品认定标准，对使用再生原材料达到一定比例的产品认定为再生产品，并进行专门标识，鼓励消费者加大对再生产品的购买和使用。

## 三、产品流通消费环节的制度设计

在产品流通环节应当遵循环境信息公开制度。产品环境信息包括环境标志、能源及资源效率、产品危害警告和产品生命周期表征及回收利用指南等四个方面。环境信息公开制度推行策略主要是法规和行政强制的手段，具体包括三个方面：一是建立环境信息强制公开制度，选择电器电子产品、汽车产品、铅酸蓄电池等重点产品，制定环境信息强制公开制度，发布环境信息强制公开产品目录，分类明确需要公开的环境影响信息内容，制定统一的信息公开格式和具体标注方式；二是推动建立面向消费者的产品能效等环境影响信息公开体系，建立面向回收处理者的产品分类回收，及产品结构、拆解要点、材料分解、再利用等产品废弃后回收拆解利用等环境影响信息公开体系；三是建立完善信息公开标识体系，加强环境标志和能源效率标识管理，建立信息化管理平台，加强产品认证信息公开，引导消费者参与，加强社会监督。建立产品回收标识体系，方便消费者在产品废弃后按标识进行合理分类，建立材料回收利用标识，方便废弃物回收处理者对产品进行拆解和材料回收再利用。

## 四、产品废弃环节的制度设计

### （一）基金制度

基金制度的推行需要满足废弃物回收利用的成本收益难以自平

衡、产品生产者和上市日期能够识别、回收利用企业数量可控、产品上市量和废弃量相对平衡等四个基本条件。

目前，中国已经对从事废弃电器电子产品、报废汽车、铅酸蓄电池回收处理的企业实行了资质管理制度，符合回收企业数量可控的条件，也都基本符合其他三个条件。目前，只有报废汽车再利用价值较高，市场自发行为基本能够保证成本收益的基本平衡，暂不符合成本收益难以自平衡的条件。因此，建议中国基金制的推行范围确定为电器电子产品、铅酸蓄电池两类产品，但其他产品在符合上述四个条件时也可以采用该制度。基金制度在中国顺利运行的基本要求如下：

第一，完善现行废弃电器电子产品处理基金制度。一是建立回收环节的准入管理机制，规范回收者行为，形成回收处理有效衔接的统一运行机制。二是建立市场化的运营管理机制，逐步转变政府在废弃电器电子产品处理基金管理中的作用，建立生产企业、第三方公益机构、回收处理企业共同组成、相互制衡的市场化运行机制。三是适当调整基金征收目录和征收标准，根据生产企业生产产品的种类、数量、产品环境友好性能等指标制定和调整基金征收的标准，以此激励生产企业进行生态设计、技术创新和采用可再生原材料等环境友好举措，同时激发生产企业的环境责任意识。四是适当调整基金补贴标准，对不同品种的产品补贴标准进行及时和适当的调整，不仅要考虑处理成本，更要考虑补贴政策实行后废弃物购进价格动态博弈均衡结果的影响，通过补贴标准的调整引导回收处理企业对关键品种的拆解和再生利用。

第二，适时拓展基金制度施行范围。基金制度的核心政策目标是让生产者承担部分产品废弃后的回收处理成本，但目前中国多数废弃物正处于市场化回收处理收益水平逐渐降低但仍有一定经济效益的阶段，因此应根据市场形势的变化逐步推行基金制度。建议逐步扩大基金制度下的电器电子产品目录，并优先考虑在铅酸蓄电池领域推行基金制度，对于汽车产品、包装物在条件逐步具备的情况下，也可以逐步推行。

## （二）目标管理制度

目标管理制度作为一种广泛采用的 EPR 具体制度安排，适用条件如废弃物产生量大、环境危害性较大、行业集中度较高、数据易于统计核实都较容易满足，因此适宜在大多数产品中推行。鉴于该制度管理较为简单实用，适合在 EPR 制度推行初期使用，建议中国广泛引入该制度。

在中国，废弃物分为低值废弃物和高值废弃物两人类，前者如废玻璃包装物、废塑料包装物（不含饮料包装物）、纸塑复合包装、废旧荧光灯等，后者如废电器电子产品、报废汽车、废旧蓄电池、废轮胎等。对于低值废弃物可以直接借鉴国外经验，采用单一目标管理制度，但对于高值废弃物，由于市场环境、运行机制等与发达国家有本质区别，不能简单引入，需要结合中国具体国情进行制度修正，在具体策略上可以采用目标管理制与基金制或者押金返还制度组合使用的推进策略。目标管理制度在中国推进的基本要求如下：

第一，打造低值废弃物目标管理制度推进策略。在中国，废玻璃包装物、废塑料包装物（不含饮料包装物）、纸塑复合包装等低值废弃物市场自发回收积极性不高、回收率低，消费者在处置时是无偿的，这与国外废弃物处置市场条件基本相同，因此在这类产品中推行目标管理制时与国际通行做法没有差异。建议中国加快制定出台专门法规，率先在纸塑复合包装、废玻璃包装物、废塑料包装物（不含饮料包装物）等领域设定回收利用目标，要求生产者采取自建回收网络体系、组建生产者联盟、委托专业第三方机构等方式完成回收利用目标，并由政府对目标完成情况进行评估和监督。

第二，完善高值废弃物目标管理制度的推进策略。中国高值废弃物目标管理制的推行，政策核心目标是提高废弃物规范化回收利用水平，引导废弃物由非正规回收体系向正规回收体系转移。在具体推进时需要做到以下几点：一是需要进行全过程管理，建议出台管理办法，对生产者回收处理目标、回收体系建设、消费者行为进行规范，对非正规回收体系进行监管打击；二是在推行初期需要加强扶持引导，建议出台扶持政策对正规回收体系建设、对废弃物的回收进行补贴；三是可以与基金制、押金返还制度配合使用，以提高正规回收体系的市场竞争力。

### （三）押金返还制度

押金返还制度的推行需要满足产品属于可循环利用的快速消费品或产品废弃后环境危害大、需要规范回收，以及产品规格标准比较统一的要求。考虑到中国废弃物回收处理现状，建议中国将押金返还制度的推行范围确定为玻璃啤酒瓶、饮料瓶、酸奶瓶，铅酸蓄电池、荧光灯等产品。其中，玻璃啤酒瓶、饮料瓶、酸奶瓶由企业自主开展，政府给予必要的鼓励扶持；铅酸蓄电池、荧光灯由政府强制推行，避免不正规回收处理带来严重的环境危害。

对于企业自主实施类押金返还制度的推进，政府主要职责是鼓励企业建立押金返还制度，对自己生产和销售的产品进行回收并循环利用，以减少废弃物产生量。目前，中国部分企业开展的玻璃啤酒瓶、酸奶瓶、饮料瓶押金返还制度，受原材料成本降低等影响，出现了回收积极性不高等问题。建议国家有关部门对这类企业设置循环利用目标，对达到循环利用目标的企业给予一定的经济激励。

政府强制推行类的押金返还制度推进策略主要针对荧光灯和

铅蓄电池和一次性电池几类产品。一是荧光灯押金制度的推进策略，在中国，废弃荧光灯回收利用价值非常低，企业自主开展回收利用的很少，消费在使用后基本都是随生活垃圾丢弃，给环境带来较严重的汞污染，因此对于荧光灯推行押金制的主要目的是规范消费者的随意丢弃行为。建议国家有关部门出台专门管理办法，要求荧光灯生产企业在产品销售时必须征收押金，并通过自己的销售体系或委托第三方专业回收机构对消费者返还的废旧荧光灯进行回收并向消费者退回押金。二是铅酸蓄电池押金制度的推进策略，目前中国废旧铅酸蓄电池回收利用价值较高，市场自发的回收利用积极性非常高，形成了从废弃铅酸蓄电池回收到再生利用完整的产业链条。在回收利用过程中，突出的问题是回收利用不规范，在回收环节个体回收者随意倾倒酸液，在利用环节小冶炼较多，造成铅酸蓄电池回收利用行业二次污染严重，"血铅事件"频发。一方面，建议国家有关部门出台铅酸蓄电池回收利用管理办法，强制生产企业建立押金返还制度，合理确定押金额，通过企业销售渠道建立逆向回收体系，对废旧铅酸蓄电池进行规范回收和专业化拆解利用。另一方面，对于一次性电池也应建立相应的押金返还制度，由于中国一次性电池回收体系尚不完善，存在消费者尽管知道不能擅自丢弃废电池但找不到专门回收点的情况，为了鼓励消费者返还电池的积极性，减少电池造成的污染，国家应出台相关制度规定，规定电池经销商在向消费者和销售电池时，征收一定额度的押金，在消费者返还电池时全额返还押金。并要求经销商将回收的电池妥善保存并安全运送至生产厂商处，由生产商再将废旧电池运往正规拆解处理机构。

## 五、小结

本节按照中国政府印发的《生产者责任延伸制度推行方案》提

出的生产者延伸责任 4 个类型，从产品生态设计、再生原材料推广使用、信息公开和废弃物回收利用等产品全生命周期的角度，提出了构建我国生产者责任延伸制度体系的框架建议。

# 第四节　政策建议

## 一、完善法律法规建设，发挥好政府引导作用

在二元市场体系下，推行 EPR 制度不是简单的对传统市场主体行为进行规范，不是在原有市场体系上进行制度完善，而是要构建以 EPR 制度为核心的有限主体、有效运行、有效监管的市场体系，因此政策推行会受到传统市场自发形成的市场体系的冲击。中国在 EPR 制度实施初期，面对非正规回收利用体系的冲击，要制定和完善相应的法律法规，加大对制度推行的政策扶持，强化政府的引导作用。具体要求如下：一是加强法律法规建设，根据中国废弃物回收处理市场的特点、废弃物的属性以及基金制度、押金返还制度、目标管理制度的适用范围等对不同类型的废弃物制定相应的回收处理法律法规，明确各市场主体的责任、义务和违规处罚措施，规范市场秩序，使得制度运行有法可依，增强制度实施的强制力和约束力，为 EPR 制度的推行奠定良好的法规基础；二是加大对正规回收利用体系建设的财政支持力度，支持正规回收渠道和正规拆解处理中心的建设和发展；三是在 EPR 政策实施初期对正规回收处理机构给予税收优惠支持，提高正规体系的市场竞争力，加强政策引导力量，引导废弃物资源流向正规回收利用体系，确保制

度有效稳定运行。

## 二、构建以生产者责任为核心，相关主体责任共担的分担机制

在发达国家和地区单一市场体系下，延伸责任传导机制较为顺畅。在EPR制度推行过程中，只要将延伸责任落实到生产者，延伸责任就会通过市场化手段传导到产品设计、流通、消费和废弃后处置利用等环节，建立起一个基于市场化的责任分担机制。在中国二元市场体系下，销售商、消费者、回收者、处理利用者的行为均以利益为导向，会根据正规体系和非正规体系的经济收益决定各自的废弃物处理行为，游离于正规体系和非正规体系之间。因此，中国在EPR制度推行过程中，不仅要强调生产者责任，更要对销售商、消费者、回收者、处理利用者等相关主体行为进行规范，即在生产者承担主要回收处理责任的同时，要求消费者将废弃物进行分类投放，或承担一定的废弃物运输和处理费用，要求销售商对所销售产品的包装物和废弃物进行回收，承担协助生产厂商建立回收渠道、设置回收点的责任，要求回收者和处理者达到一定的技术标准，并建立信息传输系统，便于政府进行监督和评估，以此建立以生产者责任为核心、相关主体责任共担的责任分担机制。

## 三、加强市场监管，建立公平的市场竞争环境

当前，中国废弃物回收利用仍是一个盈利性行业，存在众多回收利用主体。在回收环节，完全实行社会化回收，基本没有准入管理；在利用环节，只在铅酸蓄电池、废弃电器电子产品等领域实行

了准入管理，其他品种没有实现准入管理。目前，中国市场上存在着众多的流动回收商贩、作坊式小企业等非正规回收处理主体，监管难度极大，在 EPR 制度推行过程中，不仅要加强对正规体系的监督和管理，更要加强对非正规回收主体和利用主体的监管，如对技术不达标的作坊式处理企业进行罚款和查封，以减少非正规处理者造成的二次污染问题，同时减轻正规处理企业的竞争压力，创造一个公平的市场竞争环境。只有解决"劣企驱逐良企"的问题，引导废弃物回收利用主体行为的规范，才能实现回收处理市场的有序运行促进 EPR 制度的有效推行，实现产品对环境的影响最小化。

## 四、健全回收体系，推进生产者履行延伸责任

只有建立更加完善的回收网络体系，才能为正规处理企业提供更多的原料，促进正规回收利用体系的扩张，进一步提高废弃物的回收利用率，减少产品废弃后的负外部性。第一，鼓励生产者以自建逆向物流回收系统的方式构建正规回收体系，生产企业可通过与批发商、零售商协作开展产品以旧换新或包装回收工作，以此履行延伸的生产者责任，促进资源的再生利用。第二，生产厂商可通过与同类型企业合作建立生产者联盟的模式构建回收体系，即由多家企业共同出资建立废弃物回收处理中心，负责对加盟的生产企业的产品进行统一回收和处置，实现规模化回收处理。生产者自建回收体系和建立生产者联盟的模式适合家电、汽车和可充电电池等使用周期较长、行业集中度较高、资源属性较高的产品的回收。第三，鼓励第三方非营利机构构建密集的回收网络、开展大规模的回收工作，要求众多的生产企业加入第三方机构并支付一定的回收处理费用，才能享受第三方机构的回收服务，第三方机构以零售店、公共场所、村庄社区等为基础广泛设立回收点，并定期运输所回收的废

弃物，以此完成耗时耗力的回收任务。由第三方机构建立回收网络的模式适用于饮料瓶、包装物等生命周期较短、销售分散、体积不大的产品的回收。另外，根据中国流动回收商贩和拾荒者众多的背景，可以建立"拾荒者合作社"负责废弃物的回收和分类，通过将现有的拾荒者和个人回收商贩等"游击队"纳入政府和生产者企业共同出资出力创办的拾荒者合作社中，由政府将居民和机构产生的可回收性生活垃圾运输到拾荒者合作社，再由经过培训的拾荒者将垃圾分类、初步手工拆解，之后送往正规处理中心进行加工再利用，以此将非正规回收渠道并入正规渠道，既能规范回收利用市场体系，又能提高废弃物的回收利用率。建立拾荒者合作社的社会化回收模式几乎适用于各类小型生活垃圾的回收，同时非常符合中国回收利用二元市场体系。建立完善的回收体系是生产者切实履行延伸责任的重点，也是 EPR 制度顺利实施的关键。

## 五、小结

本小节基于中国目前废弃产品回收利用市场条件，从完善法律法规、健全责任体系、加强市场监管和健全回收体系等四个方面提出了具体的政策建议。因为，目前中国废弃产品回收利用市场正处于由市场自发向政府引导规范的转换阶段，市场经营主体和经营秩序较为混乱，相关法律法规还很不健全，需要在生产者责任延伸制度推行时加大政府的规范引导作用，才能确保基金制度有效运行和发挥实效。

# 附　　录

## Extended Producer Responsibility: A Guidance Manual for Governments
## OECD——EPR 政府工作指导手册摘录①

## 一、概论

1. EPR 的定义：

EPR 是一种环境保护政策，将生产者对产品的责任（物质责任和/或经济责任）延伸到产品生命周期的消费后阶段。两个特点：（1）部分或全部的责任从政府向产品生产企业的转移；（2）激励生产者在产品设计时考虑环境因素。

2. EPR 的好处：

（1）减少垃圾填埋场和焚化厂的建设及其产生的环境影响；

（2）减少市政废弃物管理的压力和物质、资金需求；

（3）培养回收和产品再利用市场；

（4）易于产品回收处理时的拆解；

（5）减轻产品潜在有害化学物质的危害；

（6）促进清洁生产和环境友好型产品；

---

① 本部分系作者根据 OECD iLibrary | Extended Producer Responsibility: A Guidance Manual for Governments （OECD——EPR 政府工作指导手册）翻译摘要整理。网址：https://www.oecd-ilibrary.org/environment/extended-producer-responsibility_9789264189867-en.

（7）促进自然资源更有效的利用；

（8）改善社区和企业的关系；

（9）激励更加有效率和有竞争力的制造；

（10）通过强调产品全生命周期管理促进更一体化的环境管理；

（11）改善材料管理。

3. EPR 的原则：产品的生产者既要承担下游的产品处理处置责任，也要负责产品上游的材料挑选和产品生态设计的责任。

4. IPP（Integrated Product Policy）：关注产品的全生命周期，以减少对环境的影响。

5. 分析框架——各国打算实施 EPR 前的决策标准：环境有效性、经济效率、公平和分配问题、管理可行性及成本、与相关机构的协调、政治及社会的接受度、与交易相关的转化适应成本、对环境兼容性产品创新的激励。

6. 考虑的问题：

（1）是什么因素使得决策者考虑 EPR 制度？

（2）如果政策工具不到位，产品在生命周期最后的命运是怎样的？

（3）主要利益相关者对此的观点如何，什么目标是他们认为能够实现的？

（4）EPR 被认为能够减少自然资源的消耗吗？

（5）这一政策会激励产品在设计上考虑环境友好的再设计吗？

（6）其他什么政策选择或者与其他什么政策的结合能够达到同样的满意效果？

（7）政策工具能够激励减少使用有害材料和化学物质，或使用更容易回收材料吗？

（8）与国内形势相关的国际情况如何？如何保证政策的实施在达到国家目标的同时保持国内和国际的竞争力？

（9）这一政策能够激励更有组织的废弃物回收和分类而不增加市政成本吗？

（10）这一政策是否能够帮助提高或改善材料管理？

7. 考虑的社会经济和文化因素（社会经济和文化的因素通常决定了政策的选择和政策目标的制定）：总体政治前景，个体国家操作的政治环境、政治结构，行政管理文化和干预的社会反响，环境问题的优先次序以及公众对环境政策的支持度，环境政策的基本原则，对经济部门的责任分配，从部门、政策水平和代理机构角度的经济责任分配。

## 二、EPR 政策和考虑

1. EPR 的指导原则：

（1）EPR 政策和项目的设计应当让生产者有动力在设计阶段做出改变，从而使得产品对环境更加友好；

（2）政策应当通过更加关注结果而非实现结果的过程来激励创新，从而在实施过程中给予生产者一定的灵活性；

（3）政策应当将产品的全生命周期考虑在内，以便对环境的影响不增加或者转移到其他产品环境；

（4）责任应当被很好地界定，并且不被现有的多重相关者通过产品链条淡化；

（5）产品、产品类别和废品的独特性质应当作为政策设计的因素，考虑到产品的多样性以及它们的不同性质，一种项目或措施不会适用于所有产品或废品；

（6）政策工具的选择应该灵活并且有针对性，而不是对所有产品和废弃物制定一个政策；

（7）产品责任在生命周期的延伸应该通过增加不同参与者的交流来实现；

（8）应当设置一种沟通策略来通知产品链上包括消费者在内的所有参与者，让其得知项目事宜并列出他们的支持和合作；

（9）为了提高项目的接受度和有效性，应该对利益相关者进行咨询，并与其讨论目标、成本和效益等；

（10）应当与当地政府商讨以明确它们的角色并获得有关项目实施的建议；

（11）在追求最好地满足国家的环境优先性和政策目标时，自愿性和强制性的手段都应该被考虑；

（12）应当进行有关 EPR 项目的综合性分析（例如：哪些产品、产品类别和废品适用 EPR，历史产品是否应该包含在内，参与者在产品生命周期中扮演的角色）；

（13）应当对 EPR 项目进行阶段性的测评，以保证其正常发挥作用并且能够灵活地对评估结果做出反应；

（14）项目的设计和实施应当能够获得环境好处并且避免国内经济的脱节；

（15）发展实施 EPR 政策及项目的过程应当建立在透明的基础之上。

2. EPR 政策目标：

（1）源头削减（节约自然资源和材料）；

（2）阻止废弃物产生；

（3）设计更加有利于环境的产品；

（4）形成材料利用的闭合循环以促进可持续发展。

3. 政策任务：

（1）减少（特定）自然资源利用；

（2）减少（指定）原材料的利用；

（3）减少某些有害物质或潜在有害材料的利用；

（4）减少垃圾；

（5）减少焚化处理及其污染；

（6）减少填埋处理及其污染；

（7）减少最终处理的废弃物数量；

（8）减少能源使用；

（9）为废弃物管理成本进行部分筹资；

（10）将废弃物管理（或其他外部性）内部化为产品的价格；

（11）增加产品的循环和再利用；

（12）创造一项用于收集特定产品和废弃物的有组织的体系；

（13）减少纳税人承担的垃圾管理成本；

（14）减少政府负担的垃圾管理成本；

（15）清洁生产以及研发更清洁的产品，包括：生产对环境更加友好的产品，生产有害物质更少的产品，发展新型循环处理技术和工艺，改善材料管理。

4. 政策适用范围：包装废弃物、电子电器设备、电池、瓶子、漆罐、汽车、废油、轮胎、制冷剂等。剩余价值较高的废弃物通常被市场自发回收或被生产者收回；价值较低但环境影响较大的废弃物则需要政府的干预。总体来说，环境危害较大、废弃物产生量大、较难回收再利用的产品是 EPR 制度实施的主要对象。押金返还制度主要运用于饮料容器，预收处理费制度主要运用于寿命更长的产品，例如家电。

5. 实施方式：

（1）强制方式：利用法律机制（例如规定和法令）实施 EPR 项目，应当确保有合适的权力机构监管，并且需要有关制裁的法条以保证执行。

（2）自愿方式：涵盖从行业和政府发起的一系列倡议及协议，在 OECD 国家有较为广泛的应用，包括：行业的单边承诺；由污染排放者和受害者间商定的协议；由行业和公共部门协商的协定；有由公共部门发起的邀请企业加入的自愿性项目。

6. 制定目标或配额（定性和定量）时应当考虑的因素：

（1）制定目标时有谁参与？

（2）目标是强制的还是自愿的？

（3）达成目标的期限是多长？是否有逐步开展的阶段安排？

（4）如果在规定的时间范围内目标没有达成会发生什么？

（5）基础的数据是否可以得到，以评判目标实施的情况？

（6）市场达成目标或实现配额的能力如何？

7. 实施要求：EPR 的实施不应当与国家或地方的法律相抵触；制度的透明性要求：让各方主体都知晓 EPR 实施的意图和要求，以及通过宣传教育让所有相关主体了解项目目标、任务和需求等。

## 三、工具和措施

1. 回收要求（take back requirement）：通过自愿或强制计划进行，通常与回收再利用目标结合使用。通常由生产者承担达到指定回收利用率的责任，也可能通过加入生产者责任组织实现。

2. 经济工具：

（1）押金制度：押金制度下，在售出商品时需要征收押金，在商品返还给零售商或指定的处理机构时返还全部或部分押金。实践中押金返还制度主要用于饮料容器的回收。原则上，押金应当包含容器或产品的商业运营成本和与回收处置相关的环境成本，返还的押金金额应当等同于避免的环境成本与废弃物的价值之和。当押金额设置为商品价格的较高比率时更可能获得较高的回收率。

（2）预收处理费制度（ADF）：在销售特定商品时根据其回收处理成本向消费者征收一定的费用，征收机构为政府或行业私营部门。部分国家在预收处理费制度下，对征收的费用根据实际情况（如在回收处理中没有用完所征收的费用）进行返还，也会对生产者所做的降低回收处理成本的行为（如在产品设计时使其更容易拆解）征收更少的费用或返还更多资金。仅仅对消费者预先征收处理费用是不够的，并不能体现生产者责任延伸的要求，还需要生产者在产品消费后设立回收点或组建新机构进行商品的回收处理。

（3）原材料征税制度：该制度的目的是减少纯净原材料或不易回收再生材料以及含有毒物质的材料的使用，当源头削减是首要目标时可使用该制度。理想的原材料税费的制定应当使税费的边际成本等于废弃物的边际处理成本，并使原材料的使用减少且达到能够消除外部性的水平。设置税费应当考虑管理成本和回收再利用的成本和收益。征收的税费应当指定用于消费后产品的回收、分类和处理，并将相关的行为责任分配给生产者。

（4）上游征税／补贴（UCTS）：该制度对生产者征税并对废弃物处理进行补贴，意在使生产者转变原材料使用与产品设计，并为废弃物回收处理提供经济支持。征税的对象包括铝锭和卷纸等半成品，补贴通常向回收使用过的饮料瓶和旧报纸等可循环废物的回收利用中心发放，税费的征收通常按照商品的重量而不是生产单位来征收，以此促进原材料使用量的减少和最终进入回收处理环节的废弃物的减少。税费和补贴额度的设定、征税补贴对象以及管理层级的确定都应该作为制度实施考虑的因素。

3. 最小循环利用率要求（minimum recycled content requirements）：设定每一商品的最低循环利用率目标，实则为一种绩效标准。通常用于纸制品、玻璃容器和塑料饮料容器等。肯普（Kepm）等人1992年指出将制定标准与征税的政策结合能够促进创新。

4. 不同工具与措施的主要效果比较：

表1　　　　　　　　不同政策工具的效果比较

|  | 源头削减 | 环境友好产品 | 废弃物管理 |
|---|---|---|---|
| 押金返还制度 |  | √ |  |
| 产品回收要求 | √ | √ | √ |
| 原材料征税制度 | √ | √ |  |
| 上游征税补贴制度 | √ |  | √ |
| 预收处理费制度 |  |  | √ |
| 回收物质含量要求 | √ | √ |  |

不同政策工具的适用：有些工具能够直接影响产品链上产品的设计和原料选取阶段，有的工具则直接影响废弃物管理阶段，对生产设计制造阶段影响较小。行为责任和经济责任的分配方式也会影响不同工具的实用型。

5. EPR 政策工具的实施要点：

表2　　　　　　　　不同 EPR 政策工具的实施要点

|  | 产品或废弃物范围 | 产品链阶段 | 干预产生的直接影响 | 实施主体 |
|---|---|---|---|---|
| 押金返还制度 | 特定产品（例如饮料容器） | 处置阶段、设计阶段 | 再利用和设计 | 各级政府、行业中的企业或行业私人部门组织 |
| 产品回收要求 | 产品和废弃物 | 处置阶段、资源开采和设计阶段 | 再利用、回收、减量化、设计 | 各级政府、行业中的企业或行业私人部门组织 |
| 原材料征税制度 | 产品（特定投入材料） | 资源开发和设计阶段 | 减少目标原材料的投入、设计 | 中央和地方/国家级和次国家级政府 |
| 预收处理费制度 | 产品 | 处置阶段 | 回收再利用 | 各级政府和私人部门组织 |
| 上游征税补贴制度 | 产品 | 设计和处置阶段 | 原材料使用减少、回收利用 | 国家级和次国家级政府、私人部门组织 |
| 回收物质含量要求 | 产品（例如纸张和塑料等） | 设计、处置阶段 | 设计、减少原材料投入 | 各级政府、行业中的企业或行业私人部门组织 |

6. 其他政策措施：

（1）单位定价（根据丢弃量付费、垃圾量收费）；

（2）绿色政府采购（尤其是有高回收成分、设定了高回收率的产品）；

（3）生态标签（节能标签、环境特性等）；

（4）填埋禁止和征税；

（5）对纯净原材料取消补贴；

（6）处置禁止和限制；

（7）原材料禁止和限制；

（8）产品禁止和限制。

7. EPR 的环境有效性和经济效率：其他政策工具多是基于某一个点而实施的，且只有产品的环境特征信息能够充分的上下传输才能实现其环境有效性和经济效率。而 EPR 致力于将产品的环境影响与各个生产环节整合，且没有假定产品环境信息在市场中能够有效传输。

8. EPR 引入的时机：信息不完善（消费者对产品的相关环境信息不了解，如不知道不同产品的不同环境负担）；市场不完善（如非法处理等存在）；技术制约（无法精准确定和消除个体在产品链上产生的外部性）。

9. 政策工具（或工具组合）的选择标准：

（1）环境有效性：减少或改善产品的环境影响，主要改变上游产品设计和材料选取以及废物分流的阶段；

（2）经济有效性：节约资源（包括资本、劳动力、原材料、能源）；

（3）政治接受度：政策工具的政治支持度（国家层面、国际层面、地方层面）；

（4）管理：政策工具是否具有可操作性，以及政府和生产者等主体的能力；

（5）促进创新：政策工具对科技创新和管理进步的激励作用。

## 四、角色和责任

1. 生产者责任范围：

（1）物质责任：在产品生命周期末端的直接或间接的行为管理

责任；

（2）经济责任：指生产者对产品废弃后的管理承担费用的责任，废弃管理包括回收、分类和处理等活动；

（3）信息责任：生产者需要在产品不同阶段提供相关的信息的责任（例如生态标签、能源信息或噪声等信息）；

（4）法律责任：指生产者对其产品造成的已被证实的环境或安全损害承担的特定责任；

（5）所有权责任：制造商在产品的整个生命周期保持对产品的所有权。

2. 生产者承担主要责任的考虑：生产者拥有产品信息优势和技术专业化水准，其地位会影响其他市场主体的行为和表现，更掌控着产品的环境影响水平，其最易于通过产品的改变来满足政策要求，因此生产者应当承担主要责任和最终责任。

3. 责任分担的模式：

（1）政府与生产者之间的责任分配：生产者为废弃物管理交费，政府全权负责废弃物的回收、分类和处理等过程；或生产者支付费用，政府负责废弃物的回收和分类，生产者负责分类完成后的废弃物的处理。

（2）在生产者与其他产品链参与者间分配责任：生产者通过与其他市场主体制定协议进行责任分担，如生产者加入回收公司，由回收公司代为回收废弃物；或生产者与销售商达成协议，由销售商进行回收。

（3）责任分摊（apportioned responsibility）：讲求公平，力求将尽可能多的参与者纳入。

4. 分配责任时考虑的因素：

（1）公开的政策目标和项目任务；

（2）产品的特点、产品类型（如产品的用途、材料构成的复杂性、产品生命周期的长短等）；

（3）市场动态（产品的分配和市场销售量等）；

（4）特定的产品链和相关主体；

（5）用于政策实施、监管等的资源。

5. 谁来付费：EPR 制度的基本原理是将纳税人和政府为废弃物管理而承担的经济负担转移到生产者身上，生产者承担主要的产品处理费用，一些费用也被包含在产品的价格中，故 EPR 制度下主要由生产者和消费者承担社会成本。

6. 筹资机制：生产者交费或交税，消费者交费或通过更高的产品价格支付。

7. 政府的角色：

（1）提高政策项目和要求的知晓度；

（2）撤销与 EPR 制度目标不一致的政策（如对开采原材料的项目进行补贴）；

（3）实施其他支持性政策（如政府绿色采购、对家庭垃圾按单位收费）；

（4）消除与 EPR 政策不相符合的障碍；

（5）建立消除自由行动和反竞争行为的机制。

8. 地方政府责任/角色：负责废弃物回收与分类，或者确保将废弃物的管理权交给平行机构。并在激励回收处理市场、协助回收处理企业发展回收处理能力、向大众传播有关回收再利用、清洁生产和清洁产品的相关技术信息方面有重要作用。

9. 消费者：消费者具有选择购买哪些产品以及如何处置使用过的产品的权利。应当设置有效的公众沟通机制，如通过发布数据和项目及成果等信息，或告知公众他们可以做什么等方式，让消费者更加了解 EPR 项目概况、益处以及消费者应该做的事，并能促进消费者积极承担垃圾分类投放等责任。

10. 零售商的角色：回收商品（通过以旧换新或押金返还等方式）、向消费者收费、返还押金费用、向消费者传达有关 EPR 项目、产品及消费者应尽职责等信息。

11. 生产者责任组织（PROs）：是集中管理废弃物的第三方组织，通常根据一定标准向生产者征收费用，该组织有自己的商标，交了费的生产者可以在商品上使用该商标，在商品废弃后由该组织负责回收处理。

## 五、交易与竞争

EPR 制度的实施不应不适当地限制交易，原因在于交易能够为消费者提供更多的选择并促进经济增长。

1. EPR 制度对交易的影响：

（1）回收要求工具对市场交易的影响：一般来说，进口商比国内生产者承担更多的成本，包括：信息成本；遵守成本和汇报成本；低产量/非标准包装或产品问题。

（2）经济工具对产品市场的影响：比起政策管制工具而言对市场的扭曲程度更小；在对本地产品和进口产品实施同样的经济工具制度时，往往是进口商承担的压力更大。

（3）管制工具和材料要求对市场的影响：当国家范围内实施的产品规定与国际规定不同时，可能会造成交易障碍。进口商面临回收物质含量要求（recycled content requirements）时可能发现规定的要求不符合所在国家的环境和经济情况。

（4）EPR 政策对二手材料市场的影响：EPR 的实施增加了回收材料的供给，尤其是当对废弃物回收给予补贴时，而由于处理收回材料的产能不足，存在将可回收的原材料低价转移到别的国家的情况。而随着科技的进步以及 EPR 项目的推进，废旧材料处理的工艺和能力不断强化，对二手材料的需求和使用范围也在不断扩展。

2. 多边贸易体系的相关要求：

（1）透明性、商讨与技术支持要求：为了减轻由于规制和监管可能产生的交易摩擦，可以尽早与交易各方协商、将相关信息及时、充分、有效地进行传达和通知、留出充裕的时间使其适应政策出台，如果有需求，还要提供必要的技术支持。这些方面可以借鉴世界贸易组织制定的技术性贸易壁垒协定（TBT）等的相关规定。TBT 对成员国在制定、采用和实施技术法规和标准的问题上做出了规定，其中技术法规是强制执行的规定产品特性或其相关工艺和生产方法、包括适用的管理规定在内的文件，而标准是经认证机构批准的、规定非强制执行的、供通用或重复使用的产品或相关工艺和生产方法的规则、指南或特定文件。

（2）无歧视：对本地产品和进口产品一视同仁，正如 WTO 组织的原则以及关税贸易总协定（GATT）规定的那样，"在征收国内税费和实施国内法规时，成员国对进口产品和本国（或地区）产品要一视同仁，不得歧视"。

（3）不造成交易阻碍：当 PRO 是非政府性机构时，政府有以下责任保证其：①不对贸易造成不必要的负担；②不因为产品的来源或产地而歧视对待；③使其要求和费用公开透明，并告知 ISO；④在需要时提供技术支持；⑤使其规定基于国际标准。

3. 竞争问题：通常来说，更加具有竞争性的产品回收和循环处理市场能够降低价格、提高产出，而市场进入壁垒、密谋行为等会导致竞争不足，从而提高回收处理的成本，且无法保障回收处理质量。

（1）产品市场的竞争效应：对于小企业来说，加入生产者合作组织（PRO）可以降低其自行回收处理废弃物的压力和成本，有利于提高自身竞争优势，促进市场竞争。但是加入 PRO 的众多企业可能进行非法共谋，一同将产品价格加价在废弃物处理成本之上的水平，从而一方面减弱了 PRO 组织内的生产者之间的竞争，另一方面不利于与组织以外的生产者公平竞争，违背了竞争法。为避免或解决该问题，需要 PRO 在运营中做到最大限度的公平、公正、公开和透明，允许加入其中的生产者平等地享受其服务，合理地征收相关处理费用并全面公开收费清单和实际处理花费。另外，应当确保 PRO 的市场进入没有人工设置的壁垒或障碍，也不能将某一特定 PRO 指定为官方机构，如此不利于其他私营 PRO 的市场竞争。

（2）回收市场的竞争效应：①对于回收行业，随着 EPR 制度的深入，会出现企业规模和结构的变化，此时应当保证大型回收企业在获取高额利润时，小企业有机会削减它们的利润。容易出现市政处理机构或指定的处理机构享受过多优待或免于竞争压力的情形，这多是由于为满足监管要求在较短时期内设立 EPR 体系的缘故。因而 EPR 制度决策者应当为 EPR 目标的实现提供充裕的时间，从而打造更加有竞争性的、管理成本有效的回收市场。②对于可回收材料市场：值得注意的问题是当 PRO 占据了市场的主体地位，变成可再生材料的垄断买家和垄断卖家时，其会以低于市场价的价格从回收商手中买入可回收材料，而以比市场价更高的价格卖给循环处理者或其他使用二手材料的主体，从而造成市场不公平。因此需要注意让 PRO 与其他个体回收利用组织进行竞争。

## 六、搭便车者、孤儿产品和现有产品

1. 搭便车行为：搭便车者是指在 EPR 制度中受益却不支付成本的主体，可能是消费者、生产者、进口商、零售商、回收者、处理者等任何参与者。

在回收处理体系中的搭便车行为有：

（1）生产商、进口商可能低报在 EPR 制度覆盖下的其投入市场的产品数量，或者根本不参与 EPR 体系；

（2）生产者和进口商可能在低成本管辖范围内支付 EPR 费用，而以高价销售其产品；

（3）废弃物回收者可能把 EPR 制度规定给予补贴的产品和不

给予补贴的产品混在一起；

（4）消费者可能利用 EPR 项目提供的指定的回收容器处理其他不在 EPR 制度覆盖下的物品或材料；

（5）废弃品处理者可能非法处置那些给予补贴令其处理的材料。搭便车行为的强度取决于 EPR 制度设计（制度工具的选择）和包括的产品类型，在行业密集度较高时，例如电子产品和机油行业，搭便车行为较少。在要求成千上万的生产商和进口商都实行回收制度时，搭便车行为更容易发生。

2. 搭便车行为的应对策略：通过增强同侪压力、监控、自我报告要求、制裁、PRO 的开除机制等可以缓解搭便车行为。德国 DSD 通过转变激励机制和增强同侪压力来缓解搭便车行为，具体做法是：之前对回收者的付费是根据回收者回收材料的总重量计算的，现在只对 DSD 规定回收处理的材料的部分付费，从而使回收者有动机拒绝接受不在回收行列之内的材料。对于生产者的搭便车行为 DSD 通过与零售商达成协议，规定如果供应商不提交绿点账户报告，其绿点费将从给供应商的费用中扣除。也可以通过鼓励生产者的竞争者举报其不真实报告行为，或随机抽取厂商对其产品的市场投放量进行审计。

3. 孤儿产品是指满足 EPR 的要求但生产者由于破产或其他原因已不存在的产品。

4. 现存产品是指在 EPR 制度实施以前设计或进入市场的产品，其在设计时没有考虑 EPR 的目标，因而在产品消费后处理成本更高。

5. 孤儿产品和现有产品问题的大小取决于这类产品的数量、产品生命末期的管理成本、产品生命周期长短、处理成本和售价的相对高低以及相关主体的数量。如何解决孤儿产品和现有产品问题取决于 EPR 的主要目标，如果 EPR 项目的主要目标是改善未来产品的设计和便于产品废弃后管理，那么就没有必要在孤儿产品和现有产品上下功夫。如果项目的首要目标是尽快解决产品处理问题，那么就应当找出谁应当为这些产品负责，并决定由谁来承担相应的成本和责任。

6. 解决措施：

（1）预收处理费制度（向生产者收费，将当时征收的费用用于已有废弃物的处理，缺陷在于难以根据现有产品废弃后的处置成本确定收费标准，无法有效激励企业生态设计）；

（2）购买时收费制度（消费者在购买产品时付费，费用集中在信托基金或政府部门，能够防止生产企业破产后无法承担责任）；

（3）废弃时收费制度（消费者在商品废弃时交处理费用，可以避免在购买时付费的基金被挪用的风险，但会增加消费者非法处置废弃商品的可能性，如将废旧商品丢弃在路边或掩埋等）；

（4）保险（应对孤儿产品问题的方法可以是购买保险来预防可能出现的产品生命周期结束的管理责任）；

（5）逐步实施 EPR（例如规定已有产品的生产者责任随时间推移递增，另外可事先宣布 EPR 项目生效的时间，这样可以为已有产品的处理提供时间）。

## 七、从设计到执行

1. EPR 制度设计要求：

（1）实现目标的灵活性；

（2）有基金收集渠道为项目的成本支付费用；

（3）激励和培养产品链上不同参与主体之间的运营关系，并向消费者告知项目目标；

（4）避免垄断行为或其他潜在的扭曲交易的行为；

（5）减少搭便车行为；

（6）同相关的利益相关者保持明确连贯的交流；

（7）考虑中小型企业的特殊需求。

2. 强制性规定：许多国家采用强制性管制、制定法令、法规或指示等实施 EPR，主要是由于自愿性项目或其他措施无法取得理想效果，而强制性实施 EPR 能够减少搭便车行为出现的可能性。

3. 自愿性方式：应当在混合政策工具背景下或为探索新的政策领域时使用自愿性方式实施 EPR。

自愿型方式有三种模式：

（1）以政府为基础的自愿型方式（政府制定框架）；

（2）政府、个体企业以及行业部门之间协商（如荷兰包装盟约）；

（3）以行业为基础的自愿型倡议（如戴尔、耐克和施乐公司发起的回收利用计划）。

自愿型方式的要求：

（1）清晰界定目标；

（2）可信的管制威胁；

（3）可信和可靠的监管；

（4）第三方参与；

（5）对于不遵守规则企业的制裁条款来减少搭便车行为，信息指导条款以使软效应最大化；

（6）减少竞争扭曲风险的条款。

4. 中小型企业（SME）：OECD 国家和其他国家市场上的大多数企业是中小型企业，这类企业对政策和时局变化的反应往往比大企业更加迅速和灵活，但是中小型企业在获取有关环境项目和要求方面的信息时处于劣势地位。

在中小型企业中实施 EPR 制度应当做到：

（1）确保将中小企业的顾虑和限制考虑在内，政府应当向这些企业寻求建议；

（2）由于多数回收处理企业是中小企业，政府应判断需要采取什么行动帮助这些企业扩大产能，以满足政策要求；

（3）由于一大部分废弃物管理公司属于中小型企业，因而应当鼓励公平公正的竞争；

（4）报告的成本可能将中小企业置于不利地位，因而要考虑制定合适的报告要求；

（5）应鼓励中小企业发展新技术（例如拆解和回收处理技术）。

帮助中小企业的途径：

（1）利用已有的中小企业信息传输渠道详细说明当前的信息；

（2）发展更为便捷的中小企业获取有关 EPR 项目和责任信息的机制；

（3）设立电子讨论站点以便进行问题和回复的传达；

（4）支持或利用由行业组织或部门创建的电子网络；

（5）为中小企业设定确切的逐步开展 EPR 的时间；

（6）提供培训和帮助。

5. 交易成本：是指实施和管理 EPR 项目的成本。交易成本应当与外部性成本比较，并被尽可能压缩，当外部性导致的成本高于 EPR 的交易成本时，才值得触发交易成本。交易成本类型与生产者承担责任的范围有关，也与以强制形式还是自愿方式实施有关。

6. 汇报机制：确定哪些信息需要上报和收集，例如在包装物项目中，生产者应当提供有关其投放到市场上的包装物的信息，包装材料类型和重量等。建立电子汇报系统可以节约时间和成本，并减少纸质信息传输中可能发生的错误。

7. 监督机制：监控的目的是确保 EPR 制度的服从和搭便车行为最小化。需要密切监控项目信息及信息传输过程，同时对信息价值和信息提供的成本进行权衡。

8. 逐渐实施：EPR 制度在几年内的逐渐推进有助于取得最大程度的成功，因为各方实体了解和学习需履行的责任、设立项目和机制、向公众沟通信息、适应新的安排都需要时间。无论 EPR 项目是强制还是自愿实施，逐渐推进都是必要的。较短的 EPR 时间表（例如18个月）可能导致成本的增加，而过长的时间（如10年）可能会导致实施势头的削弱、动力的丧失。

9. 项目启动：开展试点项目是小规模测试EPR制度的方法，能够提供项目评估所需的信息、帮助识别所选实施方式的关键要素、传播EPR相关信息、在产品链的主体间建立一致性，从而帮助确定EPR机制、项目目标、实施范围、数据收集、PRO管理等方面是否需要改进。试点项目研究也是逐步推进EPR制度的一部分。

10. 评估：在项目实施两年以后需要评估项目是否满足目标，或者进行项目中期调整。项目的评估可通过比较项目绩效和预定标准来进行：

（1）环境有效性：废弃物转移的总量、最终处置的废弃物的减少量、产品的再设计以减少有害物质和原材料的使用如何？

（2）经济效率：实施ERP制度的成本（引入成本、运营成本、管理成本）是多少？交易成本和制度转换成本能够较好预示长期成本；

（3）创新驱动：项目是否激励了上游产品设计的改变？是否有科技和管理的进步？

（4）政治接受度：公众在实施该制度时的参与度如何？社会接受度如何衡量？制度发展和实施过程是否透明和客观？

（5）管理可行性：实施和强制项目进行的成本多少？制度实施和整合是否平滑？生产者是否知晓其责任？通知和培训生产者和公众的成本？是否与当地和国家机构框架相协调？

11. 国际维度：政府实施EPR制度时从国际视角应当考虑以下因素：

（1）当选择制度工具或设计项目时，查看其他国家的项目、目标和任务，能够帮助提供思路和避免陷阱；

（2）在二手材料市场和回收市场上与邻国合作；

（3）项目的进展和从中吸取的教训应当在国家之间分享；

（4）鼓励在生产链上的利益主体之间的沟通，包括国内和国际的主体；

（5）潜在的交易和竞争的扭曲效应应当被认真对待。

12. 实施进展的衡量：

（1）定量衡量：

①资源：产品中的有害物质含量下降了吗？在产品的制造中是否用了更容易回收的材料？每单位产品投入多少原生材料？每单位产品的生产过程中原生材料使用的减少比例是多少？每单位产品使用的回收材料的比例是多少？每单位产品使用的能源是多少？用料中可再生资源的比例是多少？

②废物削减：是否有更少的废弃物进入最终处置？每单位产品可产生的总固体废弃物是多少？每单位产品的总有害物质是多少？每单位产品的有害物质减少了多少？

③污染排放：每单位生产的污染排放量是多少？

（2）定性衡量：

①产品再设计：多少产品经过重新设计变得更加环境兼容了（更容易拆解、回收材料含量增加等）？为使产品更容易回收和再利用做了什么改变？每单位产品使用的有毒物质（根据国家政策和法规）含量怎样？

②废弃物：在废弃物挑选和分类方面是否有进步？进入最终处置的有毒废弃物的风险是否减少？是否需要更少的填埋场和垃圾焚烧器？

13. 政策制定建议：

（1）明确的目标：设定的目标要透明并使各方利益相关者都可接受。

（2）没有单一的"正确的"方法：方法的使用取决于产品的不同、市场结构、目标、二手材料的价格和其他因素。

（3）经济激励：将管理成本内部化，要对产品设计提供激励，而生产者对产品设计有最大的影响力。

（4）竞争中立：EPR 项目框架的设计对竞争应该有尽可能中立的影响。

（5）对不同的产品组别实施不同的解决方案：最典型的是区分短生命周期和长生命周期产品、区分工业废弃物和家户个体产生的废弃物。

（6）材料间的区分：应当激励产品设计和材料使用的转变。

（7）在废弃物管理部门激励竞争：通过竞争控制废弃物处理过程（回收、分类、处理）的成本。

（8）消费者参与：对于家庭废弃物的 EPR 项目强烈要求消费者参加，环境知晓和信息扩散对 EPR 的运行至关重要，消费者参与回收和循环处理的便利性应当被考虑。

（9）采用生命周期分析：生命周期分析能够帮助增进项目的接受度并增进产品的环境优化。

（10）监控：对目标的达成施加压力很必要，德国的经验表明当没有监控体系时取得的结果很有限。

（11）回收成本最优化（包括拆解成本）：项目设计阶段应当考虑产品的特征和其他因素如孤儿产品和现有产品，提供有关回收处理和拆解运营成本的反馈机制要实施。

（12）将废弃物管理系统考虑在内：市政通常有一套系统能够持续和实施额外的功能（由 EPR 项目支持的），EPR 项目不应阻碍有效的回收项目的运行。

## 八、未来的行动

未来需实施的活动：

（1）对不同的产品、产品组和废品类别或部门实施不同的 EPR 政策工具：是不是 EPR 制度在特定的产品和废弃物中实施更有效？

如果是，哪些产品和废弃物最适用 EPR 制度？哪些工具更适合用于减少环境压力？关于这些问题的更细致的研究将会为 OECD 国家提供额外的指导。

（2）孤儿产品和现有产品：当政府选择不同的工具实施 EPR 时，为孤儿产品和现有产品的处理筹资的问题仍然存在，而这些问题与不同的产品市场动态和制度设计相关。

（3）整合产品政策：产品整合政策是应用于过去十年中出现的一系列产品政策的一种新的伞式概念，这一概念的发展对 EPR 如何在 IPP 的领域下运行提出了问题，随着 IPP 的概念更加具体、在 OECD 国家范围内被更广泛地接受，EPR 与 IPP 的关系应当被认真对待和定义。

（4）集资方式：对最近实施的包括自愿执行和强制执行的 EPR 项目进行案例研究能够对 EPR 项目如何筹资提供重要见解。使用什么类型的筹资机制以及项目是否实现了成本的内部化是要检验的两个关键问题。

（5）行业基础的自愿性项目及其实施：对以行业为基础的自愿型 EPR 项目进行案例研究能够了解其如何实施和实施效果。要解决的问题包括：有什么类型的以行业为基础的自愿型 EPR 项目？项目覆盖的产品范围是什么？项目的结果和效果如何？行业为基础的倡议的驱动力是什么？企业内部结构如何影响 EPR 的实施？可以从中吸取什么教训？政府可以做什么来加强政策实施的效果？障碍是什么？针对不同产品和废弃物实施此类项目的效果需要被检验。

（6）对电子商务的潜在影响：电子商务的飞速发展对市场动态和特定产品的交易产生了影响，而不断发展的电子商务对 EPR 的环境政策的影响也是 EPR 项目设计时需要考虑的重要因素。应当开展有关电子商务对责任分配、产品运输、生产者责任组织的结构产生的影响等相关问题的研究。

（7）衡量项目绩效：衡量项目绩效的方法在第七章中讨论了，后续应当继续研究，以检验不同衡量方法对不同 EPR 实施方式的适用性。

（8）术语定义与报告要求：需要做附加的工作来规定一系列术语并制定汇报的要求，使得政府更好实施 EPR，也能使跨国公司在不同国家汇报不同的 EPR 项目数据和信息时受益。

（9）其他建议在 OECD 范围内开展的研究项目包括：①在OECD 国家中进行关于 EPR 实施的调研，最近一份关于 EPR 的综合性的研究是在五年前完成的，现在有必要进行更新，以明确哪些国家实施了 EPR 制度，采用了什么政策工具或工具的混合，对哪些产品和废弃物实施了。②开展项目来定义术语并规定核心的报告要求。③对废弃物处理的成本进行分析，针对 OECD 国家内不同EPR 项目和政策目标下的优先级废弃物。④调研并汇总 EPR 项目下向大众传播和公布信息、数据的方法和机制，现有的实践对决策者是重要的指导工具。⑤检验在二手材料供应市场上将不同政策结合的潜力。⑥调研可以替代 EPR 的政策并将这些政策与 EPR 做对比。

## 九、结语

EPR 制度为政府解决由消费后产品引起的环境压力提供了政策方法，在增强资源有效性方面发挥了重要作用，其通过控制流向填埋和焚烧的材料，激励设计者选取更加易于回收再利用的材料，并减少原生材料的使用，从而帮助成员国更好实现环境保护和可持续发展的目标。

在 OECD 范围内 EPR 的趋势是将其实施扩展到更广范围的产品和废弃物中，成员国已经在汽车、轮胎、饮料容器、建筑废物、一次性相机、一次性剃刀、购物袋、矿物油、使用后的机油、洗衣

机、一次性餐具、电池、家具和纺织物等产品和废弃物中使用了
EPR 制度，随着电脑、手机和其他科技的进步，EPR 的发展趋势是
扩展到更多新产品和废弃物，例如电器和电子产品。

EPR 的实施从完全自愿到强制有一系列的方式，截至目前成员
国使用的是混合方式，处理政府活动，在行业内实施自愿的 EPR
倡议成为发展的趋势。目前多数 EPR 项目实施国致力于废弃物回
收并在循环再利用方面设定了目标。当更多的产品和废弃物实施了
EPR 时，其他政策工具以及工具的组合应当被引入。

# 参 考 文 献

［1］商务部：《中国再生资源回收行业发展报告（2018 年）》，ht-tp：//ltfzs. mofcom. gov. cn/article/ztzzn/an/201806/20180602757116. shtml.

［2］Review of extended producer responsibility：A case study approach，*Waste Management & Research* Vol. 33，2015，（7）595 – 611.

［3］中共中央、国务院《生态文明体制改革总体方案》，http：//www. gov. cn/guowuyuan/2015 – 09/21/content_2936327. htm。

［4］Backman M，Huisingh D，Lidgren K，Lindhqvist T. About a waste Conscious Product Development. Report. Solna ［J］. *Swedish Environmental Protection Agency*，1988.

［5］Thomas Lindhqvist. Towards an Extended Producer Responsibility-analysis of experiences and proposals. See：Products as Hazards-background documents ［R］. Ministry of the Environment and Natural Resources，1992：82.

［6］Thomas Lindhqvist. *Extended Producer Responsibility in Cleaner Production—Policy Principle to Promote Environmental Improvements of Product Systems* ［D］. Lund University，2000.

［7］OECD. Extended and shared producer Responsibility. Phase2. Framework Report ［R］. Paris：OECD （ENV/EPOC/PPC （97）20/REV2），1998.

［8］OECD. *Extended Producer responsibility：A Guidance manual for the Governments*. OECD，Paris：2001.

［9］European Commission （2001），*Green paper on integrated product policy*. COM （2001）68 final. Brussels：February 2001.

［10］Business and Industry Advisory Committee（BIAC）. Shared product Responsibility. BIAC discussion Paper. See：OECD International Workshop on Extended Producer Responsibility：Who is the Producer? Ottawa, Canada, 1997.

［11］North D. C. . Private Property and the American Way ［J］. *National Review*, 1983（35）：805.

［12］萨缪尔森：《经济学》，中国发展出版社 1992 年版。

［13］盛洪：《外部性问题和制度创新》，载《管理世界》1995 年第 2 期。

［14］王干：《论中国生产者责任延伸制度的完善》，载《现代法学》2006 年第 4 期。

［15］鲍健强、翟帆、陈亚青：《生产者延伸责任制度研究》，载《中国工业经济》2007 年第 8 期。

［16］Hirschberg S. Externalities in the Global Energy System ［J］. *Springer Netherlands*, 2012（54）：121 – 138.

［17］金瑞林：《环境法学》，北京大学出版社 1990 年版。

［18］Pearce D W, Turner R K. *Economics of Natural Resources and the Environment* ［M］. London：Harvester Wheatsheaf, 1990.

［19］诸大建：《可持续发展呼唤循环经济》，载《科技导报》1998 年第 19 期。

［20］陆学、陈兴鹏：《循环经济理论研究综述》，载《中国人口·资源与环境》2014 年第 S2 期。

［21］Davis G. A. *Extended Producer Responsibility：A New Principle for a New Generation of Pollution Prevention* ［R］. 14 – 15 November1994, Washington, D. C. Knoxville, TN：Center for Clean Products and Clean Technologies, The University of Tennessee, 1994：1 – 14.

［22］Thomas Lindhqvist. Ryden E. *Designing EPR for Product Innovation* ［R］. In OECD International Workshop on Extended Producer Responsibility：who is producer? . Ottawa, Canada, 1997.

［23］黄锡生、张国鹏：《论生产者责任延伸制度——从循环经济的动力支持谈起》，载《法学论坛》2006 年第 3 期。

［24］魏洁：《生产者责任延伸制下的企业回收逆向物流研究》，西南交通大学博士学位论文，2006 年。

［25］鲍健强、翟帆、陈亚青：《生产者延伸责任制度研究》，载《中国工业经济》2007 年第 8 期。

［26］A. J. Spicer, M. R. Johnson. Third—party Demanufacturing as a Solution for Extended Producer Responsibility ［J］. *Journal of Cleaner Production*, 2004 （12）: 37 – 45.

［27］钱勇：《OECD 国家扩大生产者责任政策对市场结构与企业行为的影响》，载《产业经济研究》2004 年第 2 期。

［28］李军、魏洁：《基于 EPR 制度的逆向物流研究与应用综述》，载《软科学》2010 年第 4 期。

［29］Li, S., Shi, L., Feng, X. and Li, K. Reverse channel design: the impacts of differential pricing and extended producer responsibility. *International Journal Shipping and Transport Logistics*, 2012, 4 （4）: 357 – 375.

［30］乔鹏亮：《生产者责任延伸下的废弃物物流研究》，载《物流技术》2013 年第 7 期。

［31］Nuno Ferreira da Cruz, Pedro Simões, Rui Cunha Marques. Costs and benefits of packaging waste recycling systems ［J］. *Resources, Conservation and Recycling*, 2014 （85）: 1 – 4.

［32］齐建国、陈新力、张芳：《论生态文明建设下的生产者责任延伸》，载《经济纵横》2016 年第 12 期。

［33］黄锡生、张国鹏：《论生产者责任延伸制度——从循环经济的动力支持谈起》，载《法学论坛》2006 年第 3 期。

［34］周丹、海热提、夏训峰、陈凤先：《汽车回收中实施生产者责任延伸制手段研究》，载《环境科学与技术》2007 年第 9 期。

［35］刘丽敏、杨淑娥：《生产者责任延伸制度下企业外部环境成

本内部化的约束机制探讨》，载《河北大学学报（哲学社会科学版)》2007年第3期。

［36］宋高歌、黄培清、宋向前：《产品服务系统中的契约结构选择》，载《统计与决策》2007年第24期。

［37］吴怡、诸大建：《生产者责任延伸制的 SOP 模型及激励机制研究》，载《中国工业经济》2008年第3期。

［38］何文胜：《EPR 制度下废旧家电回收主体的利益博弈与激励机制研究》，西南交通大学博士学位论文，2009年。

［39］任鸣鸣：《基于电子企业生产者责任制实施的激励机制设计》，载《系统工程》2009年第4期。

［40］杨玉香、周根贵：《EPR 下供应链网络报废产品排放内生污染税模型》，载《管理科学学报》2011年第10期。

［41］郭军华、李帮义、倪明：《不确定需求下的延伸责任分担机制》，载《系统工程》2012年第1期。

［42］曹柬、胡强、吴晓波、周根贵：《基于 EPR 制度的政府与制造商激励契约设计》，载《系统工程理论与实践》2013年第3期。

［43］乔琦、李艳萍：《中国推行生产者责任延伸制度的机遇与挑战》，载《资源再生》2014年第11期。

［44］OECD. Analytical Framework for Evaluating the Costs and Benefits of Extended Producer Responsibility Programmes. OECD Papers, 2006 (5): 1–18.

［45］Jennifer McCracken, Victor Bell. Complying with extended producer responsibility requirements: business impacts, tools and strategies. IEEE International Symposium on Electronics & the Environment, 2004: 199–203.

［46］谢芳、李慧明：《生产者责任延伸制与企业的循环经济模式》，载《生态经济》2006年第6期。

［47］李世杰、李凯：《生产者延伸责任的双重效应分析》，载《技术经济与管理研究》2006年第6期。

［48］孙曙生、陈平、唐绍均:《论废弃物问题与生产者责任延伸制度的回应》,载《生态经济》2007 年第 9 期。

［49］童昕、颜琳:《可持续转型与延伸生产者责任制度》,载《中国人口·资源与环境》2012 年第 8 期。

［50］N Tojo. Effectiveness of EPR Programme in design change: Study of the factors that affect the Swedish and Japanese EEE and automobile manufactures. *Iiiee Reports*, 2001.

［51］I. C. Nnorom, O. Osibanjo. Overview of electronic waste (e-waste) management practices and legislations, and their poor applications in the developing countries ［J］. *Resources Conservation and Recycling*, 2008, 52 (6): 843 – 858.

［52］K. H. Forslind. Implementing extended producer responsibility: The case of Sweden's car scrapping scheme ［J］. *Journal of Cleaner Production*, 2005 (13): 619 – 629.

［53］Kate McKerlie, Nancy Knight, Beverley Thorpe. Advancing Extended Producer Responsibility in Canada ［J］. *Journal of Cleaner Production*, 2006 (14): 616 – 628.

［54］Paulo Ferrão, Paulo Ribeiro, Paulo Silva. A management system for end-of-life tyres: A Portuguese case study ［J］. *Waste Management*, 2008 (28): 604 – 614.

［55］Rachel Cahill, Sue M Grimes and David C Wilson. Extended producer responsibility for packaging wastes and WEEE – a comparison of implementation and the role of local authorities across Europe ［J］. *Waste Management & Research*, 2011 (29): 455 – 479.

［56］Samuel Niza, Eduardo Santos, Inês Costa, Paulo Ribeiro and Paulo Ferrão. Extended producer responsibility policy in Portugal: A strategy towards improving waste management performance ［J］. *Journal of Cleaner Production*, 2014 (64): 277 – 287.

［57］Rui Cunha Marques, Nuno Ferreira da Cruz, Pedro Simões,

Sandra Faria Ferreira, Marta Cabral Pereira, Simon De Jaeger. Economic viability of packaging waste recycling systems: A comparison between Belgium and Portugal [J]. *Resources, Conservation and Recycling*, 2014 (85): 22 – 33.

[58] Nuno Ferreira da Cruz, Sandra Ferreira, Marta Cabral, Pedro Simões, Rui Cunha Marques. Packaging waste recycling in Europe: Is the industry paying for it? [J]. *Waste Management*, 2014 (34): 298 – 308.

[59] B. K. Fishbein, J. Ehrenfeld, J. E. Young. Extended producer responsibility: a materials policy for the 21st century [J]. *Circulation*, 2000 (104): 1 – 9.

[60] 王兆华、尹建华:《基于生产者责任延伸制度的中国电子废弃物管理研究》,载《北京理工大学学报 (社会科学版)》2006 年第 4 期。

[61] 吕静:《生产者延伸责任及国外相关立法综述》,载《中国发展》2007 年第 1 期。

[62] Herdiana. D. S., Pratikto. Sudjito, S., Fuad. A. Policy of extended producer responsibility (case study) [J]. *International Food Research Journal*, 2014.

[63] 李国刚:《日本废弃物的管理制度与研究现状——Ⅱ 日本废弃物的法律法规与管理体系》,载《中国环境监测》1998 年第 2 期。

[64] 商务部、发展改革委、国土资源部、住房城乡建设部、供销合作总社:《再生资源回收体系建设中长期规划 (2015~2020 年)》,2015 年,http://ltfzs. mofcom. gov. cn/article/ae/201501/20150100878083. shtml。

[65] 张继月:《中国固体废物分类管理研究》,北京化工大学博士学位论文,2009 年。

[66] 生态环境部:《2017 年全国大、中城市固体废物污染环境防治年报》,http://websearch. mee. gov. cn/was5/web/search?。

[67] 康鑫、张芹:《城市固体废物处理概述》,载《2013 中国环境科学学会学术年会论文集 (第五卷)》。

[68] 环境保护部、国土资源部:《全国土壤污染状况调查公报》

（2014 年 4 月 17 日），http：//www. mee. gov. cn/gkml/sthjbgw/qt/201404/t20140417_270670. htm。

［69］刘敬勇等：《废弃电器电子产品绿色回收工艺及集中处理案例研究》，载《再生资源与循环经济》2014 年第 3 期。

［70］徐进亮：《历史性建筑估价》，东南大学出版社 2015 年版。

［71］张志强、徐中民、程国栋：《条件价值评估法的发展与应用》，载《地球科学进展》2003 年第 3 期。

［72］王瑞雪、颜廷武、陈银蓉：《略论西方发达国家条件价值评估法 WTP 引导技术》，载《生产力研究》2007 年第 8 期。

［73］张志强、徐中民、程国栋：《条件价值评估法的发展与应用》，载《地球科学进展》2003 年第 3 期。

［74］Sitovsky. *Two Concepts of External Economics* ［J］. *Journal of Political Economy.* 1954.

［75］萨缪尔森、诺德豪斯：《经济学（第 17 版）》，人民邮电出版社 2004 年版。

［76］兰德尔：《资源经济学》，商务印书馆 1989 年版。

［77］赵建国、吕丹主编：《公共经济学》，清华大学出版社 2014 年版。

［78］俞红：《区域经济差异视角下中国外来物种入侵问题研究》，中国商务出版社 2014 年版。

［79］沈满洪、魏楚等：《环境经济学回顾与展望》，中国环境出版社 2015 年版。

［80］许彬主编：《公共经济学》，清华大学出版社 2012 年版。

［81］蔡传柏主编：《经济学基础》，上海财经大学出版社 2015 年版。

［82］田良编著：《环境规划与管理教程》，中国科学技术大学出版社 2014 年版。

［83］乔奇等：《清洁生产中的延伸生产者责任》，化学工业出版社 2010 年版。

［84］胡丽玲：《基于 EPR 制度的政府规制与逆向供应链激励机制》，浙江工业大学博士学位论文，2014 年。

［85］胡兰玲：《生产者责任延伸制度研究》，载《天津师范大学学报（社科版）》2012 年第 4 期。

［86］AEHA. 家電リサイクル制定の背景と目的［EB/OL］. https：//www. aeha. or. jp/recycling_report/01. html. 2019. 05. 03.

［87］KRC. 回收方式［EB/OL］. https：//www. rkc. aeha. or. jp/text/r_procedure_s. html.

［88］日本環境省. 家電リサイクル制度の施行状況の評価・検討に関する報告書［EB/OL］. https：//www. env. go. jp/press/18830. html.

［89］AEHA. 対象機器と再商品化等基準［EB/OL］. https：//www. aeha. or. jp/recycling_report/01. html. 2019. 05. 03.

［90］JCPRA. 容器和包装物回收系统［EB/OL］. https：//www. jcpra. or. jp/Portals/0/resource/manufacture/text/seido－h30. pdf.

［91］日本環境省. 基本環境和经济信息/容器和包装废弃物［EB/OL］. http：//www. env. go. jp/policy/keizai_portal/A_basic/a05. html.

［92］松下环保技术中心官网，https：//panasonic. net/eco/petec/company/#choice1.

［93］冯琳著：《工业循环经济理论与实践研究》，重庆出版社 2011 年版。

［94］朱秋云：《德国避免和利用包装废弃物法（包装法）（一）（二）（附录）》，载《再生资源研究》2000 年第 5 期。

［95］Der Grüne Punkt. Sustainability Report 2015/2016［EB/OL］. https：//www. gruener－punkt. de/en/sustainability/strategy－1516. html. － 2019. 07. 21.

［96］周固君、梅凤乔：《德国二元回收体系及其对中国固废管理的启示》，载《安徽农业科学》2009 年第 15 期。

［97］European Commission. WEEE and RoHS frequently asked ques-

tions［EB/OL］. http：//www. epa. ie/pubs/advice/waste/weee/EPA_eu_
faq_weee_rohs_2005. pdf，2006. 08.

［98］陈晨：《欧盟电子废弃物管理法研究》，中国海洋大学博士
学位论文，2007 年。

［99］顾长青、杭敏华：《完善贸易行为保护自然环境——欧盟
WEEE 指令和 ROHS 指令浅析》，载《机电信息》2005 年第 15 期。

［100］European Commission. Directive on Waste Electrical and Elec-
tronic Equipment（2002/96 / EC）［EB/OL］. https：//eur – lex. europa.
eu/legal – content/EN/TXT/？uri = CELEX：32002L0096.

［101］European Union. Directive on Waste Electrical and Electronic
Equipment（2012/19 / EU）［EB/OL］. https：//eur – lex. europa. eu/le-
gal – content/EN/TXT/？uri = CELEX：32012L0019.

［102］黑川哲志著：《环境行政的法理与方法》，中国法制出版社
2008 年版。

［103］商务部对外合作公司：《瑞典饮料包装的回收机制》，载
《中国包装工业》2004 年。

［104］王建明：《城市固体废弃物管制政策的理论与实证研究：
组织反应、管制效应与政策营销》，经济管理出版社 2007 年版。

［105］经济合作与发展组织，刘亚明译：《环境经济手段应用指
南》，中国环境科学出版社 1994 年版。

［106］张世秋、李彬：《环境管理中的经济手段（OECD 环境经
济与政策丛书）》，中国环境科学出版社 1996 年版。

［107］王小凤：《论环境押金制度》，载于《中国环境科学学会学
术年会优秀论文（2006）》，中国环境科学出版社 2006 年版。

［108］汪劲、田秦等：《绿色正义——环境的法律保护》，广州出
版社 2002 年版。

［109］张烨：《论绿色押金制度》，http：//www. cn – hw. net/ht-
ml/34/200901/8581. html。

［110］蒋春华：《中国生活垃圾回收再利用环境押金制度的模式

选择》，载《中国软科学研究会．第十二届中国软科学学术年会论文集（上）》2016 年版。

［111］Policy Instruments for the Environment Database 2017 ［EB/OL］．http：//www. oecd. org/environment/tools – evaluation/PINE _ database_brochure. pdf. 2017. 11. 02 – 2019. 07. 23.

［112］PINE database portal ［EB/OL］．http：//www2. oecd. org/ecoinst/queries/Default. aspx. 2019. 07. 23.

［113］陈思思：《国外废旧汽车环境押金制度的实践及对中国的启示》，载《西安建筑科技大学学报（社会科学版）》2013 年第 32 期。

［114］人民网：《部分国家、地区废轮胎回收利用政策法规一览》，载《中国轮胎资源综合利用》2017 年第 9 期。

［115］可充电电池协会（PRBA）官网，http：//www. prba. org/wp – content/ uploads/ New_York_City_70 – A_Battery_Ordinance. pdf.

［116］Vermont 州政府官网，http：// dec. vermont. gov/ waste – management/ solid/ product – stewardship/primary – batteries.

［117］美国国际电池协会（BCI）官网，https：// batterycouncil. org/page/ State_Recycling_Laws#.

［118］Cao, Jian；Lu, Bo；Chen, Yangyang；Zhang, Xuemei；Zhai, Guangshu；Zhou, Gengui；Jiang, Boxin；Schnoor, Jerald L．. Extended producer responsibility system in China improves e – waste recycling：Government policies, enterprise, and public awareness ［J］. *Renewable and Sustainable Energy Reviews*, 2016：883.

［119］中国家电研究院：《废弃电器电子产品回收利用行业发展情况（2018）》。

# 致　谢

　　本书的编写历时三年多，在写作过程中先后承担了发改委经济体制与管理研究所改革专题《中国生产者责任延伸制度体系研究》、发改委环资司《生产者责任延伸制度总体方案研究》和科技部《产品全生命周期识别溯源体系及绩效评价技术》三个课题的研究，采用了部分课题研究成果，在此对给予课题研究和指导的发改委环资司马荣副司长、文华副司长、陆冬森处长、楼鹏康，发改委体改所银温泉所长、汪海副所长，北京大学的王学军教授，清华大学（苏州）环境创新研究院的么新副院长，北京工业大学的吴玉锋教授表示诚挚的感谢！

　　本书在编写过程中，还得到了杨春平、谢海燕、张芳、贾彦鹏、王妍、邓徐、王颖婕的大力支持与帮助，在此一并表示最真诚的感谢！